建筑专业"十四五"精品教材

建筑装饰设计

主 编 刘 晶 周旭磊 龙 熠

副主编 朱 岩 王婷婷 郜 歌 季 辰

哈尔滨工程大学出版社
Harbin Engineering University Press

内容简介

本书按照技能型人才培养目标以及专业教学改革的需要，本着"必需、够用"的原则，以"讲清概念、强化应用"为主旨进行编写。全书共九章，主要包括建筑装饰设计概论、建筑室内外空间、建筑室内外空间界面设计、建筑装饰色彩设计、建筑装饰照明设计、家具与陈设、室内绿化、建筑室外装饰设计和不同类型的建筑装饰设计。

本书既可作为应用型本科院校、职业院校建筑工程、工程管理及相关专业教材，也可作为从事建筑工程设计、施工、项目管理的工程技术人员和概预算人员参考书。

图书在版编目（CIP）数据

建筑装饰设计/刘晶，周旭磊，龙熠主编. —哈尔滨：哈尔滨工程大学出版社，2021.7（2023.8 重印）
ISBN 978-7-5661-3102-7

I. ①建… II. ①刘… ②周… ③龙… III. ①建筑装饰—建筑设计 IV. ①TU238

中国版本图书馆 CIP 数据核字（2021）第 131320 号

建筑装饰设计
JIANZHU ZHUANGSHI SHEJI

责任编辑　张　曦
封面设计　赵俊红

出版发行　哈尔滨工程大学出版社
社　　址　哈尔滨市南岗区南通大街 145 号
邮政编码　150001
发行电话　0451-82519328
传　　真　0451-82519699
经　　销　新华书店
印　　刷　唐山唐文印刷有限公司
开　　本　787 mm×1 092 mm　1/16
印　　张　14
字　　数　358 千字
版　　次　2021 年 7 月第 1 版
印　　次　2023 年 8 月第 2 次印刷
定　　价　49.80 元
http://www.hrbeupress.com
E-mail：heupress@hrbeu.edu.cn

前　言

党的二十大报告提出，"建设现代化产业体系，坚持把发展经济的着力点放在实体经济上，推进新型工业化，加快建设制造强国、质量强国、航天强国、交通强国、网络强国、数字中国"。

建筑装饰设计是建筑的物质功能和审美功能得以实现的关键，是根据建筑物的使用性质、所处环境和相应标准，综合运用现代物质手段、科技手段和艺术手段，设计出功能完善、舒适优美、性格鲜明，满足人的生理和心理需求，便于学习、工作、生活和休闲的室内外环境。

当前，人们对建筑的要求已不仅局限于实用性，建筑的艺术性和文化性也被愈来愈多的人们所重视。建筑具有物质和审美双重功能。建筑装饰作为建筑中的一个十分重要而又独立的组成部分，是建筑的物质功能和审美功能得以实现的关键。通过建筑装饰设计各要素的合理组织和运用，使建筑在实用性的基础上还具有审美观赏价值，同时也表达了人们的思想、愿望和情感。

本书结合教育部面向工科课程教学和教学内容改革的有关精神，以就业为导向，以学生为中心，在教学中以"必需""够用"为度。在编写中力求做到内容精炼、深入浅出、图文并茂，以实用性理论为基础，将理论知识与实践技能紧密结合，强调内容的实用性、适用性和可操作性。

本书共九章，主要包括建筑装饰设计概论、建筑室内外空间、建筑室内外空间界面设计、建筑装饰色彩设计、建筑装饰照明设计、家具与陈设、室内绿化、建筑室外装饰设计和不同类型的建筑装饰设计。

本书由刘晶（山东科技大学）、周旭磊（上海紫泰物业管理有限公司）和龙熠（贵州职业技术学院）担任主编，由朱岩（柳州职业技术学院）、王婷婷和郜歌（济源职业技术学院）、季辰（连云港职业技术学院）担任副主编。本书的相关资料可扫封底微信二维码或登录 www.bjzzwh.com 获得。

本书既可作为应用型本科院校、职业院校建筑工程、工程管理及相关专业教材，也可作为从事建筑工程设计、施工、项目管理的工程技术人员和概预算人员参考书。

由于水平有限，书中存在的疏漏和不当之处，敬请各位专家及读者不吝赐教。

编　者

目　录

第一章　建筑装饰设计概论

【学习目标】

➢ 了解建筑装饰设计的内容和基本要素
➢ 熟悉建筑装饰设计的功能、原则和分类
➢ 掌握建筑装饰的设计依据和设计程序
➢ 了解建筑装饰设计的发展及流派
➢ 了解建筑设计的学习方法和意义
➢ 了解人体工程学的应用
➢ 了解国内外建筑装饰设计的发展
➢ 了解建筑装饰设计的流派

第一节　建筑装饰设计的基本知识

建筑装饰设计是一门复杂的综合学科，涉及建筑学、社会学、民俗学、心理学、人体工程学、结构工程学、建筑物理和建筑材料等学科，并且随着时代的发展，其内容和范围也在不断地变化和发展。现代建筑装饰设计已发展成为在现代工程学、现代美学和现代生活理念的指导下，通过空间的塑造以改善人们生活环境和文明水准的一门学科，它的最终目标在于促进人类生活的和谐发展。

一、建筑装饰设计的内容

建筑装饰设计主要包括功能分区与空间组织、空间内含物选配、物理环境设计，以及界面装饰与环境氛围创造。

（1）功能分区与空间组织。在设计过程中，依据建筑的使用功能、人们的行为模式和活动规律等进行功能分析，合理布置、调整功能区，并通过分隔、渗透、衔接、过渡等设计手法进行空间的组织，使功能更趋合理、交通路线流畅、空间利用率提高、空间效果完善。

（2）空间内含物选配。在设计过程中，依据建筑空间的功能、环境和氛围创造的需求，进行家具、陈设，以及绿化、小物品等内含物的选型与配置。这里的空间内含物不仅包括室内空间中的家具、器具、艺术品、生活用品等，也包括室外空间中室外家具、建筑小品、雕塑、绿化等，如图 1-1 所示。

图 1-1　某小区室外空间

（3）物理环境设计。在设计过程中，对空间的光环境、声环境、热环境等方面按空间的使用功能要求进行规划设计，并充分考虑室内水、电、音响、弱电、空调等设备的安装位置，使其布局合理，并尽量改善通风、采光条件，提高其保温隔热、隔声能力，降低噪声，控制室内环境温湿度，改善室内外小气候，以达到使用空间的物理环境指标。

（4）界面装饰与环境氛围创造。无论室内或室外空间，都需要一个适宜的环境氛围。在设计过程中，通过地面、侧界面（墙面或柱面）、顶棚等界面的装饰造型设计，材料及构造做法的选择，充分利用界面材料和内含物的色彩及肌理特性，结合不同照明方式所带来的光影效果，创造良好的视觉艺术效果和适宜的环境气氛。

二、建筑装饰设计的基本要素

一个成功的室内装饰设计，应当在功能上适用，在视觉上具有一定的吸引力，并始终注重室内意境的构思和创造。虽然构思和创意无法搬套，但与音乐、绘画、雕刻等艺术一样，都包含着一定的要素和创作原理。只要在设计中以创作原理为基础，变换处理各种设计要素，突出特定场所的特征和环境特色，就可以在有限的空间内创造出一个功能合理、美观大方、格调高雅、富有个性的室内环境。室内装饰设计的基本要素有七个，即空间、空间界面、色彩、光影、家具、陈设和绿化。

（一）空间

建筑空间可分为外空间与内空间两大部分。由于建筑的种类和形式不同，形成多种多样的室内外空间，从而满足人们不同的活动需要。对于"内"与"外"这样两个相对的概念，内空间和外空间在很多方面表现为极大的对立，但对于人来说，它们又都是人的活动空间。所以，无论室内空间还是外部空间都是同等重要并且是对立统一的。这主要表现在以下两个方面。

（1）建筑物是形成内外空间的手段。在自然空间中，人们为某种目的而用一定的物质材料和技术手段形成建筑物，从自然空间中围合，分创出室内空间；同时这个建筑实体又是形成外部空间的手段，各种室外空间如院落、街道、广场、庭园等，都是借建筑物的形体而形成的，所以它们有共同的存在基础。

（2）建筑外部形体是内部空间的反映。内容对于形式的决定作用，空间对于形体的决定作用是建筑设计的正确指导思想。建筑的外部形体应是内部空间合乎逻辑的反映，应当根据内部空间的组合情况来决定建筑物的外部形体和样式。对于单个建筑物来说，室外设计必须反映内部空间的内容，要和内部空间协调统一，要体现该建筑物的个性和特征。室内设计则应从各个方面充实室外设计中所体现的个性特色，做到表里一致、协调统一，并通过采用门窗、廊、玻璃幕墙等设计达到内外空间相互渗透、丰富空间层次的效果。

建筑空间是建筑装饰设计的主要内容，空间形态的构成有其自身的规律性和几何构成原则。在空间的容积中，不仅进行着多种多样、丰富多彩的活动，还能看到各式各样的形状和色彩，听到各种声音，嗅到各色花草的芳香。因此，空间承载并传播它所处领域的一切要素，是建筑装饰设计中最基本的构成要素。

（二）空间界面

建筑物中的内部空间是利用建筑构造部件和围护构件——柱、地面、墙面、顶棚等进行限定的。这些构件赋予建筑形态，并在无限空间中划分出一块块区域，形成不同形式室内空间的模式。

地面是室内空间的基面，是室内活动和家具的承台。地面的构造必须安全可靠，以承受室内荷载，地表面必须坚固耐久，足以经受持续的使用与磨损。

墙体必须按照一定的要求进行布置。承重墙体要与它们所支撑的楼板跨度和屋顶结构要求相一致；非承重隔墙体主要根据使用要求进行布置。墙体通常由几层材料构成，以便控制热量、湿气和噪声的透入。

室内空间第三个主要界面是顶棚。虽然人们接触不到它，在使用意义上也不及地板和墙体大，但它是遮盖部件，能对被覆盖的物体提供物质上和心理上的保护。

对室内空间界面的装饰，可以利用不同装饰材料的不同质地特征，共同构成完美的室内环境，获得多姿多彩的室内空间艺术效果。

（三）色彩

色彩对于人心理上的影响很大，特别在处理室内空间时尤其不容忽视。一般来说，暖色可使人产生紧张、热烈、兴奋的情绪，而冷色使人感到安定、优雅、宁静。明度高的色调使人感到明快、兴奋；明度低的色调使人感到压抑、沉闷。对于具有不同功能性质的空间，在选择色彩时，要依据色彩共性进行设计。

色彩能够改变人们对室内空间大小的感觉。由于色彩本身特性引起的错觉作用，对室内空间的宽敞度、封闭度和高低感，具有很好的调节功效。在室内空间使用色彩时，可以利用这些特性来调节空间的大小感。若室内空间太大，则要采用变化较多的色彩；若室内空间较小，则要采用单纯而统一的色彩。

此外，色彩还能够改善物理环境感受度。例如，比较寒冷的地区，室内色彩应以暖色调为主，再配合较低明度、较高彩度的色彩；比较温暖的地区，室内应以冷色调为宜，再配合高明度、低彩度的色彩。

（四）光影

光与影对人的视觉功能非常重要，没有光就看不到一切，没有光也就没有什么光影艺术美和光影效果。就建筑装饰设计而言，光与影是美化环境必不可少的物质条件。

光照可以构成空间，并能起到改变空间、美化空间和破坏空间的作用。它直接影响着物体的视觉、形状、质感、色彩乃至环境的艺术效果。

从照明角度来讲，光源可分为自然光源和人工光源两种。自然光源以日光为主，人工光源以灯光为主。光是大自然的重要组成部分，人们常把它直接引入室内，以满足日常需要，消除室内空间的黑暗感和封闭感。人工光源是建筑装饰设计中必不可少的，它不仅能满足正常需要，消除室内空间的黑暗感和空间感，还能产生特殊的光影艺术美和光影效果。因此，善于利用人工光源，为室内装饰设计增添光彩，是非常重要的。

建筑装饰设计的室内外空间效果必须在光的照射下，才能表现其体量、质感和色彩的丰富变化。人们利用光线的强弱或颜色的不同，能够在室内外营造不同的气氛。明亮的光线能使整个建筑空间更加生动，满足人们公共交往的需求；暗淡的光线能更加体现环境的柔和，满足人们在谈心和休息时的需要。

（五）家具

家具作为室内承担功能的主要构成因素和体现者，是室内环境设计重要的组成部分。家具自产生以来就与人们的起居、工作和文化息息相关，因而被视为社会物质文化的组成部分。它不但反映一个国家的物质技术生产水平，同时也折射出一个国家或民族的历史特点和文化传统。

（六）陈设

室内陈设除了家具以外，还有日常生活用品、工艺品、艺术作品、室内织物、家用电器、灯具等。它们除了具有实用性功能外，还能装饰和丰富空间，使空间舒适、富有个性，并能营造出一定的氛围和情调。

陈设通常分为实用性陈设、装饰性陈设，以及实用性与装饰性兼备的陈设三大类。实用性的陈设具有功能作用；装饰性的陈设以满足人的视觉要求为主要目的；实用性与装饰性兼备的陈设，既丰富了空间，给人以艺术享受，同时又有一定的功能作用。在室内装饰设计中，应注意陈设与墙面、地面、顶棚的关系，充分表现其形态、肌理和色彩美。

（七）绿化

绿色植物作为自然环境的主要构成要素，是人类生存环境中必不可少的组成部分。将绿色植物引进建筑室内外环境之中，可以提高环境质量，满足人的心理需求。绿化设计已成为室内外环境设计的一个重要组成部分，它主要是利用生物材料并结合园林设计常见的手段和方法，组织、完善、美化室内外空间，协调人与环境的关系，使人既不觉得被包围在钢筋水泥的建筑空间而产生与自然的偏离感，也不觉得像在室外那样，因失去建筑的庇护而产生不安全感。通过室内外绿化的合理配置，可很好的解决人—建筑—自然环境的关系。

三、建筑装饰设计的功能

按照人们通常的理解，建筑中的装饰大多是非功能性的，它的目的是创造审美价值。在现代主义者眼中，装饰是可有可无的，甚至是多余的东西。因此，他们极力反对在建筑中使用装饰。事实上，装饰对建筑而言，从来就不是可有可无的，人们始终无法摆脱装饰对建筑的影响。它是无所不在的，只要把建筑同美的追求联系在一起，装饰的因素就会在潜移默化中发生作用。

装饰既有结构上的功能，也有信息传递的功能和审美方面的功能。对历史上任何一种类型的建筑的解读，都不可能将装饰的因素排除在外，因为装饰与建筑的空间、构造一起构成了一个完整的主题。装饰总是和功能联系在一起的，在某种意义上说，不存在没有功能的装饰，也不存在没有装饰的功能。步行街上的盲道，既是一种功能，也是一种装饰，它大大丰富了铺装的表现力。西方古典建筑中的柱式，既提供了构造上的功能，也是一种标准的装饰手段。对功能的表达不可能是空洞的、抽象的，总要通过具体的材料、结构方式和加工手段使之成为可见的形式。建筑装饰的功能可以概括为以下几个方面。

（1）审美功能。自从人类的审美意识产生之后，人们进行装饰的目的首先就是创造审美价值。能够为人们提供视觉和心灵上的美感和愉悦，这本身就成为一种审美上的功能。

（2）调节功能。装饰在建筑的构造和形式中，可以起到调整比例、协调局部与整体关系的作用。无论是古典建筑还是现代建筑，都充分发挥了装饰的这种功能，利用线脚、装饰性的构件调整和划分建筑的比例关系，并通过这些装饰对材料和形式的转换起到过渡的作用。

（3）符号与标志的功能。建筑中的装饰常常是历史和文化信息的主要承载物。人们之所以把建筑称为用石头和钢铁铸就的历史，就在于透过那些建筑和装饰，人们可以阅读到一个时代的全部信息——当时人们的信仰、道德、技术和情感。用符号学的理论来阐释装饰的功能是恰当的，因为建筑中的许多装饰可以被理解为信息代码，它们包含着大量的历史信息。人与建筑之间的交流就是通过解读这些代码而获得对建筑含义的把握。按照卡西尔（德国哲学家、文化哲学创始人）的解释，符号是人对外界信息的主观能动的反应，它包含着事件的内在意义。体现装饰的符号功能最典型的例子，就是某些具有纪念性的建筑物，虽然它们在本质上不是一种独立的装饰艺术，但在表现形式上却是装饰性的，并且它们的功能是纯粹精神性的。如古埃及墓地圣区中的方尖碑（见图1-2）、凯旋门（见图1-3），以及在现代城市环境中人们为纪念某些历史事件而建立的纪念碑等。这些作品往往成为一座城市、一个民族、一个历史事件的标志，它使那些历史的文化信息得到表达和保存，使记忆成为可见的形式，为人们提供了一个追忆历史、举行纪念仪式的场所。

图1-2　方尖碑　　　　　　　　　　　　　图1-3　凯旋门

四、建筑装饰设计的原则

随着生活水平的提高和科学技术的进步，人们对建筑空间环境提出了更高的要求。现代建筑装饰设计必须依据环境、需求的变化而不断发展。在设计过程中，影响设计的因素很多，如人的因素、地域的因素、技术的因素、建筑与环境的关系因素、经济的因素等。设计师应综合考虑以下几个基本设计原则。

（一）建筑装饰设计的一般原则

建筑装饰设计的一般原则主要有以下几方面。

（1）通过建筑装饰的设计，美化和保护建筑物，满足不同使用、不同界面的功能要求，延伸和扩展室内环境功能，完善室内空间的全面品质。

（2）根据国家行业标准和规范，选择恰当的建筑装饰装修材料，确定合理的构造方案。

（3）严格控制总造价，根据建筑物的等级、整体风格、业主的具体要求进行设计。

（4）注意与相关工种（水、暖、通风、电）的密切配合。

（二）建筑装饰设计的安全原则

1. 建筑装饰设计的安全性

构造设计的安全性必须要考虑以下两个方面。

（1）要充分考虑建筑结构体系与承载能力。

（2）选用材料、确定构造方案要安全可靠，不得造成人员伤亡和财产损失。

2. 防火的安全性

建筑装饰设计的防火安全性主要遵循以下几个原则。

（1）建筑装饰设计要根据建筑的防火等级选择相应的材料。建筑装饰材料按其燃烧性能可划分为四个等级。

（2）建筑装饰设计应严格执行《建筑设计防火规范》（GB 50016—2014）中相应条款和《建筑内部装修设计防火规范》（GB 50222—2017）的规定。

（3）吊顶应采用燃烧性能 A 级材料，部分低标准的建筑室内吊顶材料的燃烧性能应不低于 Bl 级。暗木龙骨与木质人造板基材，应刷防火涂料。遇高温易分解出有毒烟雾的材料也应限制使用。

3. 防震的安全性

建筑装饰设计的防震安全性须遵循以下几个原则。

（1）地震区的建筑，进行装饰装修设计时要考虑地震时产生的结构变形影响，减少灾害的损失，防止出口被堵死。

（2）抗震设计烈度为七度以上地区的住宅，吊柜应避免设计在门户上方，床头上方不宜设置隔板、吊柜、玻璃罩灯具，以及悬挂硬质画框、镜框装饰物。

（三）建筑装饰设计的经济适用原则

建筑装饰设计的过程比较复杂，但创建能满足人们物质生活和精神生活需要的建筑空间环境是其明确的目标，因此在设计过程中，应以满足人们的活动需要为核心。

建筑活动要有它的建造目的和使用要求，在建筑中称为功能。现代建筑要满足各种复杂功能要求，这就是建造各种类型现代建筑的根据。不同的功能要求不同的空间形式，如起居室、教室、办公室、会议室、阅览室、展览室等。

在以人为本的前提下，要综合解决使用功能合理、安全便捷、舒适美观、工作高效、经济实用等一系列问题，要具有使用合理的室内空间组织和平面布局，提供符合使用要求的室内声、光、热效应，以满足室内环境物质功能的需要，符合安全疏散、防火、卫生等要求。同时应具有造型优美的空间构成和界面处理，宜人的光、色和材质配置，符合建筑物性能的环境氛围，以满足室内环境审美功能的需要。还应采用合理的装修构造和技术措施，选择合适的装饰材料和设施设备，使其具有良好的经济效益。

（四）建筑装饰设计的健康环保原则

1．节约能源

（1）改进节点构造，提高外墙的保温隔热性能，改善外门窗的气密性。

（2）选用高效节能的光源及照明新技术。

（3）强制淘汰耗水型室内用水器具，推广节水器具。

（4）充分利用自然光和采用自然通风换气。

2．节约资源

节约使用不可再生的自然材料资源，提倡使用环保型、可重复使用、可循环使用、可再生使用的材料。

3．减少室内空气污染

（1）选用无毒、无害、无污染（环境），有益于人体健康的材料和产品，使用取得国家环境标志认证的产品。执行室内装饰装修材料有害物质限量的十个国家强制性标准。

（2）严格控制室内环境污染的各个环节，设计、施工时严格执行《民用建筑工程室内环境污染控制标准》（GB 50325—2020）。

（3）为减少施工造成的噪声及大量垃圾，装饰装修构造设计提倡产品化、集成化，配件生产实现工厂化、预制化。

（五）建筑装饰设计的美观原则

建筑装饰设计的美观原则主要包括以下几方面。

（1）正确搭配使用材料，充分发挥和利用其质感、肌理、色彩和材性的特性。

（2）注意室内空间的完整性、统一性，选择材料不能杂乱。

（3）运用造型规律（比例与尺度、对比与协调、统一与变化、均衡与稳定、节奏与韵律、排列与组合），在满足室内使用功能的前提下，做到美观、大方、典雅。

五、建筑装饰设计的分类

建筑装饰设计可按以下两种方式进行分类。

（1）按装饰空间位置分类，建筑装饰设计可分为室内装饰设计和室外装饰设计两大类。

（2）按建筑类型分类，建筑装饰设计可分为居住建筑装饰设计、公共建筑装饰设计、工业建筑装饰设计、农业建筑装饰设计（见图1-4）。

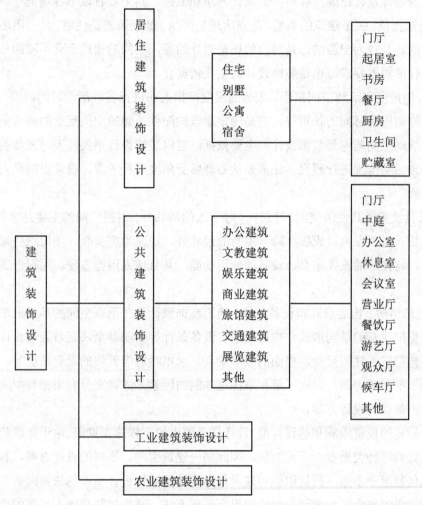

图1-4　建筑装饰设计的分类

依据建筑类型进行分类的目的可使设计师明确建筑空间的使用性质，便于设计定位。不同类型的建筑，其主要功能空间的设计要求和侧重点各不相同，如展览建筑对文化内涵、艺术氛围等审美功能的设计要求就比较突出；观演建筑的表演空间则对声、光等物理环境方面的设计要求较高；而工业、农业等生产性建筑的车间和用房，更注重生产工艺流程，以及温度、湿度等物理环境方面的设计要求。即便是使用功能相同的空间，如门厅、电梯厅、卫生间、接待室、会议室等，其设计标准、环境氛围也应根据建筑的使用性质不同而区别对待。

六、建筑装饰设计的依据

建筑装饰设计作为一门综合性的独立学科，其设计方法已不再局限于经验的、感性的、纯艺术范畴的阶段。随着现代科学技术的发展，随着人体工程学、环境心理学等学科的出现与发展，建筑装饰设计已确立起科学的设计方法和依据。其主要有以下各项依据。

（1）建筑类型。关于建筑的类型，是商店还是医院，是旅馆还是住宅，是公用还是私用，是较为喧闹的还是较为宁静的，是对内的还是对外的等，不同的建筑会有不同的功能。功能既是装饰设计的根本要求，也是装饰设计的主要依据。

（2）人体尺度和活动空间范围。人体的尺度是指人在进行各种活动时的范围，包括人流量的多少、停留居住时间的长短等，它是确定建筑构配件、建筑空间尺度的基本依据。人体尺度和人体活动空间范围是装饰设计的主要依据。建筑装饰设计不仅需要对人体的静态尺度和人体的动态活动范围进行研究，还需要从心理感受角度进行考虑，设计出满足人们心理需求的最佳空间。

（3）家具设备及其使用空间。建筑内，除了人的活动外，占据空间的主要是家具、设备、陈设等内含物。对于家具、设备，除其本身的尺寸外，还应考虑安装、使用这些家具设备时所需的空间。这样才能发挥家具、设备的使用功能，并且使人用得方便、用得舒适，进而提高工作效率。

（4）建筑结构、构造形式和设备条件。建筑装饰设计是在已有空间的基础上进行的二次创造，建筑空间原有的结构形式、构造做法、设备条件等影响甚至决定着装饰设计的方案。如房屋的结构形式、柱网尺寸、楼面的板厚梁高、水电暖通等管线的设置情况等，都是装饰设计时必须了解和考虑的。只有了解和掌握这些制约因素，才能充分利用原有空间、设备条件等，创作出最佳的设计方案。

（5）已确定的投资限额和建设标准、设计任务要求的工程施工期限。由于建筑装饰材料、施工工艺、灯具等种类繁多、千差万别，因此同一建筑空间，不同的设计方案，其工程造价可以相差几倍甚至十多倍。投资限额与建设标准是建筑装饰设计重要的依据因素。同时，工程施工工期的限制也会影响设计中对空间界面处理方法、装饰材料和施工工艺的选择。

（6）现行设计标准、规范等。现行国家和行业的相关设计标准、设计规范和地方法规也是建筑装饰设计的重要依据之一，如《商业建筑设计规范》《建筑内部装修设计防火规范》等。

（7）其他限制条件。如周围建筑的形式、色彩、装饰水平等，以及总体规划方面提出的限制性要求、基地施工条件限制等。

七、建筑装饰设计的程序

建筑装饰设计根据设计的进程，通常可以分为四个阶段，即设计准备阶段、方案设计阶段、施工图设计阶段和设计实施阶段。

（1）设计准备阶段。设计准备阶段主要有两方面的内容：一是听取业主客户的要求，接受委托任务书，并签订设计合同；二是调查、测量施工场地。如果是招标项目，可根据招标书要求参加投标。

在设计准备阶段，设计人员应明确设计期限并制定设计计划进度安排，考虑各相关工种的配合与协调；同时还需明确设计任务和要求，如建筑装饰设计任务的使用性质、功能特点、设计规模、等级标准、总造价，根据使用性质所需的室内环境氛围、文化内涵或艺术风格等；熟悉与设计相关的规范和定额标准，收集分析必要的资料和信息，包括对现场的调查，以及对同类型实例的参观等。

在合同或投标文件中，还应包括设计进度安排和设计费率标准，即建筑装饰设计收取业主设计费占室内装饰总费用的百分比（通常由设计单位根据任务的性质、要求、设计复杂程度和工作量，依据国家颁布的工程设计收费标准和调整幅度，提出设计费率数，并与业主商议确定）。

（2）方案设计阶段。方案设计阶段是在设计准备阶段的基础上，进一步收集、分析、使用与设计任务有关的资料与信息，构思立意，进行初步方案设计，确定初步设计方案，提出设计文件。在这一阶段，为进行更深入的设计，避免在审批方案过程中出现大的反复，需进行方案的分析与比较，即提出有自身特点的几个方案，并做出对设计思想、特点、可行性，以及必须说明的主要问题的论证报告。同时，应出具设计方案的材料、设备清单、工程造价估算供业主客户选择。初步设计方案经审定后，方可进行施工图设计。

（3）施工图设计阶段。施工图设计阶段需要补充施工所必须的有关平面布置、室内立面和平顶等图纸，还需包括构造节点详图、细部大样图和设备管线图，需要编制施工说明和造价预算。

（4）设计实施阶段。设计实施阶段也即是工程的施工阶段。室内工程在施工前，设计人员应向施工单位进行设计意图说明和图纸的技术交底；工程在全面施工之前应先做"样板"或模型，进一步解决设计上存在的问题。施工期间需按设计图纸要求核对施工实况，有时还需根据现场实况提出对图纸的局部修改补充（由设计单位出具修改通知书）；施工结束时，还要会同质检部门和建设单位进行工程验收。

为了使设计取得预期效果，建筑装饰设计人员必须抓好设计各阶段的环节，充分重视设计、施工、材料、设施等各个方面，并熟悉、重视与原建筑物的建筑设计、设施（风、水、电等设备工程）设计的衔接，同时还要协调好与建设单位和施工单位之间的相互关系，在设计意图和构思方面不断沟通，取得共识，以期取得理想的工程效果。

八、建筑装饰设计的学习方法

建筑装饰设计的学习主要从以下几方面进行。

（一）注意对人的行为的观察和了解

建筑装饰设计的对象是人们日常生活、工作、学习、娱乐所使用的建筑空间，这些空间必须符合人们日常活动的生理特点和心理特征。不同年龄、不同职业、不同民族、不同地域的人们生活习惯和审美情趣有着较大的差异。因此，观察、了解和掌握人们的活动习惯、作息规律、喜怒哀乐和宗教信仰，以人为本进行设计创作，是建筑装饰设计的根本出发点。学习者应在平时练习和设计创作中多注意观察、积累，始终将建筑空间使用者的身心需求放在装饰设计之首。

（二）注意对设计方案构思能力的培养

建筑装饰设计方案构思是整个设计的龙头，是一个非常重要的阶段。如同文学、绘画、电影和任何造型艺术的规律一样，设计必然是有感而发的。在建筑装饰设计中，设计者首先要根据特定的建筑空间和功能要求，以形象思维对空间环境、材料造型、风格形式进行综合演绎，通过丰富的空间形象的想象，遵循着"整体—局部—整体"的思维方式大胆进行空间与界面设计构思。诗人的"有感而抒"，画家的"意在笔先"，都与建筑装饰设计构思"异曲同工"地遵循同样的规律。一项优秀的建筑装饰设计是设计者学识、修养、实践积累与精心企划的结晶，而完善的设计构思则是设计成功的关键。

（三）注意对建筑装饰专业基本技能的培养

建筑装饰设计所涉及的专业知识面很广，如建筑、结构、设备方面等知识，行为心理学知识、美学知识等都是设计者需要掌握的；而建筑装饰设计又有许多专业技术，如构图技巧、光学知识和使用技巧等，可以帮助设计者通过最快途径达到设计意图；建筑装饰设计还有特定的成果表达形式——图纸、模型和说明等，绘图技巧也直接影响着设计构思，以及意图表达的完整性和准确性。因此，学习者需重视对这些专业基本技能的培养和训练。

（四）注意自身审美素质的提高

设计者的审美能力在很大程度上影响着设计创作的水平。人们的审美情趣虽然因年龄、地域等因素的影响而有一定差异，但美总是有共性的，美的东西总是被大多数人所接受的。随着社会的进步，人们知识层次的提高，审美素质也在不断提高，这就要求设计者努力提高自身修养和设计水平，不断创造出既符合大众口味，又具有较高艺术品位的设计作品来。

九、建筑装饰设计的意义

建筑装饰设计是以人为本,创造适宜的室内外空间环境,以满足人们在生产、生活活动中物质与精神的需求。在物质需求方面,使功能更加合理,改善声、光、热等物理环境以满足人的生理要求,使生产、生活活动更加安全、舒适、便捷、高效。在精神需求方面,创造符合现代人审美情趣的、与建筑使用性质相适宜的空间艺术氛围,保障人的心理健康,彰显个性,表现时代精神、传承历史等。

人类的劳动不但能适应自然而且能改变自然,建筑便是人们通过对自然界的改变而创造出的适合人类居住特点或是具有某种用途的人工环境。随着人们物质水平的提高,许多建筑在满足使用功能的前提下,通过对建筑的造型、比例、空间组合以色彩、质感的精心设计与处理,使建筑物变为一种艺术品,具有了审美观赏的价值。

建筑的内外部环境可分为私密环境和非私密环境两大部分,再细分可分为个人、家庭、社会、工作四个方面。这四个方面错综复杂的发展和变化构成了人类的主要生活空间。随着时代的发展,人们的生活节奏不断加快,这就要求有新的与之适应的空间环境和相应高效率的设施。如何将上述复杂要求统一在建筑内外部环境中,这就是装饰设计的主要任务。建筑装饰设计体现在生活环境中的意义有以下两个方面。

(1)物质使用功能方面。即提高室内外环境条件以提高物质生活水准,这是建筑装饰设计的前提,是必须做到的。

(2)精神审美方面。装饰设计也为人们营造一种氛围,使之具有灵性生活的价值,对保障人们的身心健康发展和表现使用者的审美内涵,具有重要意义。

综上所述,建筑装饰设计必须做到以物质为用、精神为本,以有限的物质条件,创造出无限的精神价值。例如,在建筑装饰设计中,通过合理的家具和陈设选择,良好的通风、采光和上下水配置,满足人们对物质使用功能方面的需求。此外,装饰设计在室内外环境空间的序列、分隔的处理,形式美法则的运用,以及建筑色彩的搭配等方面所进行的处理,使人身心平衡,调整情绪,愉悦感官,从而满足了精神层面的需求。

第二节 建筑装饰设计的发展和流派

建筑装饰设计是指以美化建筑及建筑空间为目的的行为。它是建筑的物质功能和审美功能得以实现的关键,是根据建筑物的使用性质、所处环境和相应标准,综合运用现代物质手段、科技手段和艺术手段,创造出功能合理、舒适优美、性格明显,符合人的生理和心理需求,使使用者心情愉快,便于学习、工作、生活和休息的室内外环境设计。

一、中国建筑装饰的发展

中国古代建筑具有特殊的风格并取得了卓越的成就，在世界建筑史上占有重要的地位。早在商周时期就有了砖瓦的烧制，到了秦汉时代，有纹饰的瓦当和栏杆砖的出现，展现了中国古代生产力的发展水平。在本民族的思想和社会观念作用下，出现了青龙、白虎、朱雀、玄武和吉祥安乐等瓦当与带龙首兽头的栏杆，在图案造型和抽象含意上，表现出其独到的艺术风格。

西汉沿袭了秦朝的制度，营建了宏大的陵墓，陵墓建筑留下了许多宝贵的文化遗产。如石阙、石祠、砖石墓室、明器、画像砖等，说明了远在汉朝的雕刻装饰艺术，就达到了很精美的程度。魏晋以来，除宫殿、住宅、园林建筑继续发展之外，又出现了一种颇具神秘色彩的佛教和道教建筑。由于对宗教的推崇，人们开始广建寺塔，并开凿了一些规模巨大、雕刻精美的石窟，它们是人类艺术宝库中的璀璨明珠。如龙门石窟（见图 1-5）等巨大的雕刻群像，就体现了南北朝时期文化和精深的艺术思想。

图 1-5　龙门石窟

隋唐是中国历史上建筑发展的鼎盛时期，由于宗教思想的主宰，庙宇、寺院建筑在当时占有主导地位。保留至今较为完整的有五台山的南禅寺正殿和佛光寺正殿，还有许多没能保存住而被记录在壁画当中。此外，舍利塔遍布各地，粗大挺拔、刚劲富丽、风格朴实的建筑构件，使大堂的装饰艺术具有夺人的风采。洞窟壁画，藻井、背光等龛饰花纹，是这个时期建筑装饰艺术的一个重要表现对象。敦煌图案风格雍容饱满，有云纹、凤纹、绳纹、锦纹、龙纹及植物纹样，其丰富程度反映了君临四方、富甲天下的盛唐景象。图 1-6 和图 1-7 分别是隋代藻井敦煌图案和中唐藻井敦煌图案。

图 1-6　隋代藻井敦煌图案　　　　　图 1-7　中唐藻井敦煌图案

宋辽金时期的建筑受唐代影响很大，主要以殿堂、寺塔和墓室建筑为代表，装饰上多用彩绘、雕刻和琉璃砖瓦等，建筑构件开始趋向标准化，并有了建筑总结性著作如《木经》《营造法式》。装饰与建筑的有机结合是宋代建筑的一大特点，寺塔的装饰尺度合理，造型完整而浑厚。苏州虎丘塔、泉州仁寿塔都是典型之作。昭陵的石刻、墓室的图案等极富刚劲、富丽之美，对后来的民间图案发展有着指导性的意义。

明清建筑装饰是中国古代史上的最后一个高峰。建造了许多规模宏大的宫苑、陵寝，无论在数量上或质量上都属上乘，装饰风格沉雄深远，反映了明清全盛时期皇权的至高威严。到了清代中叶以后建筑的装饰图案或彩画生气低落，唐宋装饰的风格已经踪影皆无，由于过分追求细腻而导致了琐碎和缺乏活力的局面。纤弱的彩绘及图案花纹，只求细腻，不求精神，使装饰艺术形式陷入狭隘的境地，出现了一些不健康的东西，这与皇权的软弱，与政治、经济、文化的腐败、庸俗有直接的关系，装饰风格落入了矫揉造作、拘谨刻板的小圈子。

中国近代建筑在欧美国家取消建筑装饰的影响下，走上了重现代技术和新材料的运用，不重装饰的阶段。随着商品经济的发展，对建筑装饰有了更高的要求，新材料、新技术与新观念的结合，将会创造出一个更好的建筑艺术环境。

二、国外建筑装饰设计的发展

公元前古埃及贵族宅邸的遗址中，抹灰墙上绘有彩色竖直条纹，地上铺有草编织物，配有各种家具和生活用品。古埃及卡纳克的阿蒙神庙，庙前雕塑和庙内石柱（见图 1-8）的装饰纹样均极为精美，神庙大柱厅内硕大的石柱群和极为压抑的厅内空间，正是符合古埃及神庙所需的森严神秘的室内氛围，是神庙的精神功能所需要的。

图 1-8　阿蒙神庙的石柱

　　古希腊是欧洲文化的摇篮，古希腊建筑艺术及其建筑装饰已达到相当高的水平。神庙建筑的发展促使了"柱式"的发展和定型，古希腊的"柱式"不仅是一种建筑部件的形式，更是一种建筑规范的风格（见图 1-9），柱式构成的柱廊起到了室内外空间过渡的作用。古希腊建筑中性格鲜明、比例恰当、逻辑严谨的柱式和山花部位的精美雕刻成为主要的外部装饰，其内部装饰也极具特点，如帕提农神庙正殿内的多立克柱廊采用了双层叠柱式。

（a）多利克式样　　　　（b）爱奥尼式　　　　（c）科林斯式

图 1-9　古希腊的柱式

　　古罗马建筑继承并发展了古希腊建筑的特点，当时的室内装饰已经相当成熟。尤其是壁画，已呈现多种风格，有的在墙、柱面上用石膏仿造彩色大理石板镶拼的效果；有的用色彩描绘具有立体感的建筑形象，从而获得扩大空间的效果；有的则强调平面感和纯净的装饰……这些成为当时室内装饰的主要特点。

　　拜占庭艺术。拜占庭是西欧一个强盛的帝国，它包括地中海岛屿的许多国家。它的建筑繁荣时期是皇帝君士坦丁建设的君士坦丁堡（即拜占庭）时期，如图 1-10 所示。这个时期的建筑装饰新颖别致，有彩色大理石贴面，还有以马赛克为材料的彩色玻璃镶嵌。这一装饰类型给建筑装饰的百花园中又增添了一朵奇异之花。它对以后各时期的建筑装饰影响甚大，一直伴随着建筑装饰的发展被不断应用。

图 1-10　君士坦丁堡

哥特式艺术。在西欧中世纪时代，建筑与装饰的结合到了最为发达的阶段。在哥特式的教堂到处可以看到布满雕刻的装饰图案。其建筑装饰特点是，无论建筑的柱头、檐口、门楣或柱廊上均留下了艺术家们精心雕琢的痕迹。哥特式教堂的窗子很大，这给彩色玻璃窗的装饰提供了条件。此类建筑的代表作有科隆大教堂，如图 1-11 所示。

图 1-11　科隆大教堂

到了文艺复兴时期，伴随着资本主义生产关系的萌芽，掀起了早期资产阶级的文化运动，同时奏响了欧洲文艺复兴建筑史的乐章。这一时期建筑装饰的最大特点是，雕塑与壁画相映生辉，雕塑和壁画的场面之大、水平之高是其他任何时代无法比拟的。人们熟知的圣彼得大教堂（见图 1-12）是当时最有代表性的建筑，它的装饰规模和豪华程度，也是教堂中绝无仅有的。

图 1-12　圣彼得大教堂内景

圣彼得大教堂墙壁、天花板的彩绘和雕刻富丽奔放，给人一种金碧辉煌之感。文艺复兴时期涌现出了许多才华横溢的建筑大师和绘画装饰大师。其中最典型的有米开朗基罗、达·芬奇和拉斐尔。他们共同促成了建筑、装饰、绘画的大融合，开创了一个恢宏的装饰时代。

巴洛克时期主要建筑形式与哥特式大体相同。建筑装饰特点表现为豪华艳丽、浪漫丰润，所有这一时期的宫廷华厦的装饰均以空间广大、华丽堂皇为风尚，体现了恣情欢乐的氛围。在图案设计上，凹凸变化不拘一格，既有变幻的造型色彩，又有浮云流星般的光影动态，花纹的装饰圆润优雅，凡尔赛宫（见图 1-13）是这一时期的典型之作。

图 1-13　凡尔赛宫

洛可可时期。洛可可风格起源于法国路易十五时代，是女权兴起时期对于纤巧柔和的装饰形式的喜爱表现。因此，洛可可风格很自然地注入了欢乐和温馨的女性化特点。在建筑装饰上主要表现在室内装饰方面，为贵族苍白娇弱的思想生活服务。在追求享乐、舒适、自由方面比其他时期更柔媚、更细腻、更琐碎纤巧，室内的一切装饰都闪烁着珠光宝气。柱壁和家具多装饰有棕榈、蔷薇的花纹和变化万千的舒卷草叶。雕刻细致入微，装饰华丽无比。巴黎苏俾士府邸公主沙龙（见图1-14）为典型的洛可可风格。

图 1-14　苏俾士府邸公主沙龙

　　到了现代建筑，建筑装饰呈现出了一反常态的单纯形式，好像又回到了原始的状态，建筑上没有任何装饰，就连门、窗的构造也只求满足使用和采光需要。几何式的图形成为建筑造型的唯一语言，新兴的现代工业技术和材料充分得到发挥，突出了机械化。

　　从后现代建筑开始，建筑又增加了装饰性，重温传统装饰的各种语言，并加以提炼，创造出新的装饰语言。运用符号、隐喻、变异等手法，打破了那种机械化模式的冷漠和束缚，以新的内容和面貌满足现代人对建筑装饰的需求。

三、建筑装饰设计的流派

　　建筑装饰设计与建筑设计有着不可分割的关系，所以在设计风格、流派上也有着相承与相互影响的情况。建筑装饰设计作为现代文化思潮的反映之一，其流派的艺术形态和取向，多姿多彩，各有特色。其中，具有代表性的流派有以下几种。

　　（1）白色派。白色派的室内朴实无华，室内各界面和家具等常以白色为基调，简洁明快。白色派在室内环境设计时，综合考虑了在室内活动的人，以及透过门窗可见的变化的室外景物。因此，从某种意义上讲，室内环境只是一种活动场所的"背景"，从而在装饰造型和用色上不作过多渲染。白色派注重空间和光线的设计，墙面和天花一般均为白色材质。白色中隐约带一点色彩倾向，显露材料的肌理效果。配置简洁、精美和色彩鲜艳的现代艺术品等陈设取得生动效果。

　　（2）国际风格派。国际风格派简称风格派，起源于20世纪20年代的荷兰，是以画家蒙德里安（P·Mondrian）等为代表的艺术流派。风格派强调纯造型的表现，要从传统及个性崇拜的约束下解放艺术。风格派认为把生活环境抽象化，这对人们的生活就是一种真实。风格派对室内装饰和家具经常采用几何形体，以及红、黄、蓝三原色，间或以黑、灰、白等色彩相配置。这个流派反对虚伪的装饰，强调形式服务于功能，追求室内空间开敞、内外通透，设计自由，不受承重墙限制，被称为流动的空间。室内的墙面、地面、天花板、家具、陈设乃至灯具、器皿等，均以简洁的造型、光洁的质地、精细的工艺为主要特征。

风格派的室内设计，在色彩和造型方面都具有极为鲜明的特征与个性。建筑与室内常以几何方块造型为基础，对建筑室内外采用内部空间与外部空间穿插构成为一体的手法，并以屋顶、墙面的凹凸和强烈的色彩对物体进行强调。

（3）新洛可可派。洛可可原为18世纪盛行于欧洲宫廷的一种建筑装饰风格，以精细轻巧和繁复的雕饰为特征。新洛可可继承了洛可可繁复的装饰特点，但装饰造型的"载体"和加工技术却使用现代新型装饰材料和现代工艺手段，从而营造出华丽而略显浪漫、传统中仍不失有时代气息的装饰氛围。它不强调附加东西，而强调利用科学技术提供的可能性，反映现代工业生产的特点，即用新的手段去达到老洛可可派想要达到的目的。

新洛可可派的特点是积极利用现代科技条件和表面光滑、反光性能极强的新材料进行装饰。常用材料有抛光不锈钢、铝合金、玻璃镜面、磨光大理石、花岗石等。同时，还注重光影效果，喜欢采用发光顶棚和反射灯，并且常常使用新颖的家具和艳丽的地毯，追求一种光彩夺目、绚丽多彩、夸张而又富于戏剧性的效果，因而具有较为强烈的浪漫主义色彩。

（4）高技派。高技派亦称重技派。突出当代工业技术成就，并在建筑形体和室内环境设计中加以炫耀，崇尚机械美。在室内暴露梁板、网架等结构构件，以及风管、线缆等各种设备和管道，强调工艺技术与时代感。

高技派反对传统的审美观念，强调设计作为信息的媒介和设计的交际功能，在建筑设计、室内设计中坚持采用新技术，在美学上极力提倡表现新技术的作法，包括现代主义建筑在设计方法中所有重理的方面，以及讲求技术精美和粗野主义倾向。

（5）超现实派。超现实派追求所谓超越现实的艺术效果，在室内布置中常采用异常的空间组织，曲面或具有流动弧形线型的界面，浓重的色彩，变幻莫测的光影，造型奇特的家具与设备，有时还以现代绘画或雕塑来烘托超现实的室内环境气氛。超现实派的室内环境较为适应具有视觉形象特殊要求的某些展示或娱乐的室内空间。

（6）解构主义派。解构主义是20世纪60年代，以法国哲学家J·德里达为代表所提出的哲学观念，是对20世纪前期欧美盛行的结构主义和传统理论思想的质疑和批判，建筑和室内设计中的解构主义派对传统古典、构图规律等均采取否定的态度，强调不受历史文化和传统思想的约束，是一种貌似结构构成解体，突破传统形式构图，用材粗放的流派。

除此以外，还有孟菲斯派、新地方主义派、装饰艺术派等，它们都对建筑装饰设计的新理念、新思想进行了不懈的探索。

第三节　人体工程学

人体工程学是一门研究人在某种工作环境中的解剖学、生理学和心理学等方面的各种因素；研究人和机器，以及环境的相互作用；研究人在工作中、家庭生活中和休假时怎样统一考虑工作效率、人的健康、安全和舒适等问题的学科。

一、人体工程学的应用

由于人体工程学是一门新兴的学科，人体工程学在室内环境设计中应用的深度和广度，有待于进一步深入开发，已开展的应用方面如下。

（1）确定人和人际在室内活动所需空间的主要依据。根据人体工程学中的有关计测数据，从人的尺度、动作域、心理空间，以及人际交往的空间等确定空间范围。

（2）确定家具、设施的形体、尺度及其使用范围的主要依据。家具设施为人所使用，因此它们的形体、尺度必须以人体尺度为主要依据；同时，人们为了使用这些家具和设施，其周围必须留有活动和使用的最小余地，这些要求都由人体工程科学地予以解决。室内空间越小，停留时间越长，对这方面内容测试的要求也越高。

（3）提供适应人体室内物理环境的最佳参数。室内物理环境主要有室内热环境、声环境、光环境、重力环境、辐射环境等，室内设计时有了上述要求的科学的参数后，在设计时就有可能有正确的决策。

（4）对视觉要素的计测为室内视觉环境设计提供科学依据。人眼的视力、视野、光觉、色觉是视觉的要素，人体工程学通过计测得到的数据，为室内光照设计、室内色彩设计、视觉最佳区域等提供了科学的依据。

（5）室内环境中人的心理与行为。人在室内环境中，其心理与行为尽管有个体之间的差异，但从总体上分析仍然具有共性，仍然具有以相同或类似的方式作出反应的特点，这也正是进行装饰设计的基础。

从装饰设计的角度讲，运用人体工程学的目的就是从人的生理和心理方面出发，使室内外环境诸因素能够充分满足人的活动的需要，从而提高使用效能，获得较为理想的生活环境。

二、人体尺度与空间环境

（一）人体尺度

人体尺度是建筑装饰设计的最基本的资料。只有客观地掌握了人体的尺度和四肢活动的范围，才能准确地把握人在活动过程中所能承受的负荷以及生理、心理等方面的变化情况。人体尺度从形式上可分为两类：一类为静态尺度；另一类为动态尺度。

1. 静态尺度

静态尺度是指静止的人体尺寸，即人在立、坐、卧时的尺寸。人的生活行动基本上是按立、坐、卧、行这四种方式中进行的。

人体高度与种族、性别，以及所处的地区相关。例如，我国成年男子平均身高为 1 670 mm，美国为 1 740 mm，日本则为 1 600 mm。即使是同一种族，由于地区的不同也存在着身体量度上的差异。例如，我国较高人体地区的男、女平均身高分别为 1 690 mm 和 1 580 mm；而较低人体地区的男、女平均身高只有 1 630 mm 和 1 530 mm。一般来说，人体工程学中的尺寸是按人体平均尺寸确定的。表 1-1 是我国具有代表性的一些地区成年男女身体各部分的平均尺寸，在使用中应当注意地区人体尺寸的变化情况。

表 1-1　我国不同地区人体各部分平均尺寸（mm）

部位	较高人体地区		中等人体地区		较低人体地区	
	男	女	男	女	男	女
人体高度	1 690	1 580	1 670	1 560	1 630	1 530
肩宽度	420	387	415	397	414	966
肩峰至头顶高度	293	285	291	282	285	269
正立时眼的高度	1 513	1 474	1547	1 443	1 512	1 420
正坐时眼的高度	1 203	1 123	1 181	1 110	1 144	1 078
胸廓前后径	200	200	201	203	205	220
上臂长度	308	291	310	293	307	289
前臂长度	238	220	238	220	245	220
手长度	196	184	192	178	190	178
肩峰高度	1 397	1 295	1 379	1 278	1 345	1 261
1/2 上髂展开全长	869	795	843	787	848	791
上身高长	600	561	586	546	565	524
臀部宽度	307	307	309	319	311	320
肚脐高度	992	948	983	925	980	920
脂尖到地面高度	633	612	616	590	606	575
上腿长度	415	395	409	379	403	378
下腿长度	397	373	392	369	391	365
脚高度	68	63	68	67	67	65
坐高	893	846	877	825	850	793
腓骨头的高度	414	390	407	328	402	382
大腿水平长度	450	435	445	425	443	422
肘下尺寸	243	240	239	230	220	216

2. 动态尺度

动态尺度也叫构造尺寸，是指人在进行某种活动时肢体所能达到的空间范围，是在运动的状态下测得的。

人的活动大体上分为手足活动和身体移动两大类。手足活动就是人在原姿势下只有手足部分的活动，身躯位置并没有变化，手动、足动各为一种。身体移动包括姿势改换、步行等。其中，姿势改换、步行又集中在正立姿势与其他可能的姿势之间的改换，也是手足活动的过程。动态人体的基本尺寸如图 1-15 所示。

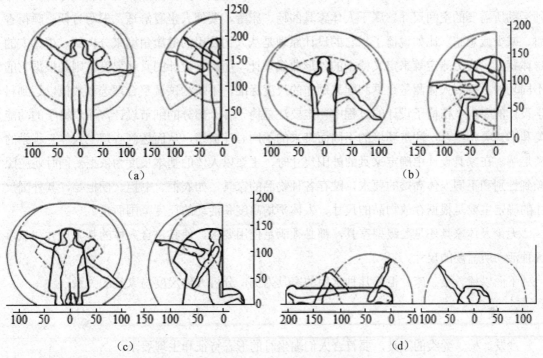

（a）站姿活动空间，包括上身及手臂的可及范围；（b）坐姿活动空间，包括上身、手臂及腿的活动范围；
（c）单腿跪姿活动空间，包括上身及手臂的活动范围；（d）仰卧姿势活动空间，包括手臂和腿的活动范围

图 1-15 动态人体的基本尺寸（cm）

（二）人体尺度与空间关系

人和家具、人和墙壁、人和人之间的关系是影响人体尺度与空间关系的主要因素。休息空间内家具布置的多少、人员的多少是影响休息空间活动、空间大小的因素。就是同样大小的空间，根据有没有人的穿越，其空间布置也是不相同的。空间的大小，主要取决于人的数量及人的活动方式。人体尺度与空间关系最为密切，家具、空间的使用功能等对空间的尺度也有较大的影响。

人体工程学在室内空间中的作用，主要表现在以下两个方面。

（1）在室内空间组织和分隔时，把动态的、无形的，甚至是通过视觉所看到的空间形体

对人们心理感受的影响等因素综合考虑，以确定室内活动的所需空间。

（2）为家具设计提供依据。家具是能起到支承、贮藏和分隔作用的器具，是构成室内环境的基本要素。家具的主要功能就是实用，是为人提供舒适、安全、美观的器具。家具设计的基准点就在人体上，即要根据人体各部分的需要和使用活动范围来确定。

（三）人体尺度与家具

家具的主要功能是使用。因此，无论是人体家具还是贮藏家具都要满足使用要求。为了满足使用要求，设计家具时必须以人体工程学为指导，使家具符合人体的基本尺寸和从事各种活动所需要的空间尺寸。属于人体家具的椅、床等，要使人坐着舒适、书写方便、睡得香甜、减少疲惫感。比如说椅子，它的设计原理是从人们使用的健康角度来分析的，根据人的身体状况、疲劳测定等来定义椅子的外形曲线设计。而椅子设计的具体尺度，则是根据它的不同功能，按照人体测量数据和国家颁布的尺度标准，不断测试调整合理选取数值以达到科学设计的要求。在椅子设计的过程中一定要注重椅子各个部分的细节设计，注重椅子的功能美和形式美相结合，注重环境的不同而带来的不同心理情绪，从而达到心理上人体工程学的满足感。在家具设计中确定家具的外围尺寸时，主要以人体的基本尺度为依据，同时还应照顾到性别和不同人体高矮的要求，贮存各种物品的家具，如衣柜、书柜、橱柜等，其外围尺寸的确定主要是根据存放物品的尺寸、人体平均高度和活动的尺度范围而定。

无论人体家具还是贮藏型家具，都必须满足使用要求，使其符合人体的基本尺寸和从事各种活动所需要的尺寸。

下面以椅、桌、床、柜等几种常用的家具为例，分析人体尺度与家具的关系。

1. 椅

沙发、椅、凳类的家具，要符合人们端坐时的形态特征和生理要求。

椅属支承型家具。它的设计基准点是人坐着时的坐骨结节点。这是因为人在坐着时，肘的位置和眼的高度，都是以坐骨结节点为基准来确定的。因此，可以根据这些基准点来确定椅子的前后、左右、上下几个方向的功能尺寸。

对于椅子的设计，首先要考虑的是使人感到舒适，其次考虑它的美观和实用。在椅子中，与舒适有关的几个因素是坐面、靠背、脚踏板和扶手。

（1）坐面。坐面高度是椅子设计中最基本、最重要的尺寸，主要与人的小腿长度有关。坐面过高，会使两脚悬空，下肢血液循环不畅；坐面过低，会使小腿肌肉紧张，造成麻木或肿胀。因此，椅子的坐面高度应根据我国人体尺度的平均值来计算，并考虑到使小腿有一个活动余地，在大腿前部与坐面之间保证有 10 mm～20 mm 的空隙。一般来说，椅子坐面的高度应以 400 mm 为宜，高于或低于 400 mm，都会使人的腰部产生疲劳感。

（2）靠背。椅子靠背的设计，主要有靠背高度、座板与靠背的角度两个方面。合理的靠背高度能使人体保持平衡，并保持优美的坐姿。一般椅子的靠背高度宜在肩胛以下，这样既不影响人的上肢活动，又能使背部肌肉得到充分的休息。当然，对于一些工作椅或者是供人休息的沙发，其椅背的高度是变化的，有的可能只达到腰脊的上沿，有的可能达到人的头部或颈部。

座板与靠背的角度，也是视椅子的用途而定的，一般椅子的夹角为 90°～95°，而供休息用的沙发夹角可达 100°～115°，甚至更大。

（3）脚踏板。椅子的设计还必须考虑脚的自由活动空间，因为脚的位置决定了小腿的位置，使小腿或者与上身平行，或者与大腿的夹角约为 90°。因此，脚踏板的位置应摆在脚的前方或上方，方便脚的活动。

（4）扶手。扶手的位置也比较有讲究。根据日本学者研究的资料表明，无论靠背的角度怎样，对于人体上身主轴来说，扶手倾角以 90°±20°为宜。至于扶手的左右角，则应前后平行或者前端稍有张开。

2．桌

桌子与人体工程学的关系主要表现在要有合乎人体尺度的高度、宽度和长度，还要有能够使两腿在桌面之下自由活动的空间。其中，桌面的高度和长度是最重要的。确定这一尺寸的基本原则是：人要端坐、肩要放松，身体稍向前倾，并要有一个最佳的视距。桌子设计的基准点可以是人体，即以坐骨结节点为基准，桌面高度座是座面坐骨结节点到桌面的距离（即差尺）与座面高度（即椅高）之和；也可以以室内地面为基准点，它和人着地的脚跟有关，这时桌面的高度应是桌面到地面的距离。过高的桌子会引起肩耸、脊柱侧变、肌肉疲劳、视力下降等后果；过低的桌子会使两肩下垂，也会影响脊柱和视力。

桌子的高度计算可采用以下公式：

桌面高度＝椅高＋差尺＝椅高＋1/3（坐高－10 mm）

椅子高度＝下腿高－10 mm

这样，就可以求得最佳的桌椅尺寸。适合我国人体的尺寸为：桌高 700 mm，椅高 400 mm。

学生课桌高度可改为：桌面高度＝椅高 1/2（坐高－10 mm）

3．床

床属支承型家具，以人体尺度为设计基准点。床的长度按能满足较高的人的需要为宜，一般在 1 900 mm～2 000 mm 之间。床的宽度以人仰卧时的尺寸为基础，再考虑人翻身的需要。一个健康的人睡觉一夜要翻身 20～40 次，若床过窄，不敢翻身，会使人处于紧张状态。因此，一般单人床的宽度以 900 mm 为宜，双人床的宽度以 1 350mm～1 500 mm 为宜。床的高度可按椅子的高度来确定，因为床既是睡具，也可当坐具。

4. 柜

柜属贮藏型的家具，又称"建筑家具"，它的设计标高尺寸以室内地面为基准点，以人的存取方便为原则，并考虑柜内贮物的种类。一般常用衣物均放在人伸手可及、视野合理的范围，不常用物品存放应保证人自由存放的可能。因此，柜的高度最高不要超过 2 400 mm，柜的深度要以能最大限度地存放衣物，同时考虑人的存取方便为原则。

三、人的知觉、感觉与空间环境

知觉和感觉是指人对外界环境的一切刺激信息的接收和反应能力，是人的生理活动的一个重要方面。了解知觉和感觉，不但有助于了解人的心理感受，而且能了解在环境中人的知觉和感觉器官的适应能力，为环境设计提供适合于人的科学依据。

知觉与环境是相对应的，视觉对应光环境、听觉对应声学环境、触觉对应温度和湿度环境。人通过眼、舌、鼻、身等感觉器官接受外界刺激，产生相应的视觉、听觉、味觉、嗅觉和触觉。

人的视觉具有一定的视力和视野范围，能感觉到光的光强度，具有良好的色彩分辨能力、调节能力和适应能力，会产生眩光、影像残留、闪烁和视错觉。这些对室内展示设计和光环境设计具有重要意义。眩光的出现与光源的亮度过高、光源位置、周围环境与光源处亮度反差过大等有关，会造成视觉疲劳、分散注意力、视力下降等后果，因此可采取降低光源亮度、合理布置光源（见图 1-16）、使光线散射、适当提高环境亮度等措施防止和控制眩光。

听觉有两个基本的功能：一是传递声音信息；二是引起警觉。听觉环境的问题主要有两方面：一方面是听得更清晰，效果更好，如音响、音质效果等；另一方面是噪声控制，噪声是干扰声音，会造成警觉干扰、睡眠干扰、心率加快、血压升高、引起厌烦情绪等，影响人的身心健康。因此，要做好室内环境的吸声降噪工作，而且有研究表明恰当的背景音乐有助于提高工作效率。

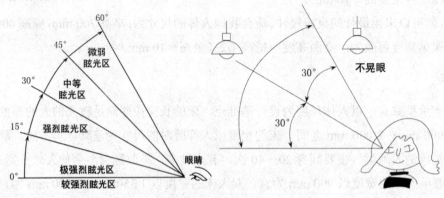

图 1-16 光源布局图

人的触觉包括温度感、压感、痛感等。人体通过触觉接受外界冷热、干湿等信息，会产生相应的生理调节来适应环境。通过对触觉问题的研究，以确定最佳的温、湿度条件，指导空间环境的供暖、送冷等问题，并为空间界面、家具、陈设等材料质地的选择提出相关依据（见图 1-17）。

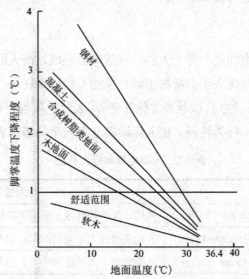

图 1-17　脚掌和地面装饰材料之间的温度下降曲线

四、人的心理、行为与空间环境

以往，不少建筑师以为建筑将决定人的行为，而很少考虑到底什么样的环境适合于人类的生存与活动。随着人体工程学等学科研究的深入，人们逐步明确了人与环境之间"以人为本"的原则，并尝试从心理学和行为学的角度，探讨人与环境的相互关系，探寻最符合人们愿望的环境，即环境心理学。环境心理学是一门研究环境与人的行为之间相互关系的新兴的学科，也属于人体工程学的研究范畴。

人的每一个具体行为均包含了心理和行为两方面。人的行为是心理活动的外在表现，心理活动的内容来源于客观存在的空间环境，人的心理和行为与空间环境是密切联系、相互作用的。人在空间环境中，其心理与行为尽管有个体之间的差异，但从总体上分析仍然具有共性，仍然具有以相同或类似的方式做出反应的特点，这也正是进行设计时的基础。

（一）人的心理特征

1. 个人空间与领域性

每个人都有自己的个人空间，它是围绕个人存在的有限空间。它具有看不见的边界，可以随着人移动；它具有相对稳定性，同时又可以根据环境变化灵活伸缩。它在人际交往时才表现出它的存在，人与人的密切程度就反映在个人空间的交叉与排斥上。

领域性原指动物在自然环境中为生存繁衍，各自保持自己一定的生活领域的行为方式。人的领域性来自于人的动物本能，但已不具有生存竞争意义，更多是心理上的影响。领域性表现为人对实际环境中的某一部分产生"领土感"，不希望被外来人或物侵入和打扰。它不随人的活动而移动，如办公室内自己的座位。

2．人际距离

在人际关系中，个人空间是一种个人的、可活动的领域，而人际距离则表明了当事人之间的关系情况。人与人的距离大小会根据接触对象的不同、所在场合的不同而各有差异。当然对于不同民族、宗教信仰、性别、职业和文化程度等，人际距离也会有所不同。豪尔（E·Hall）根据人际关系的密切程度、行为特征，把人际距离分为八个等级（表1-2）。

表 1-2　人际距离和行为特征

人际距离			行为特征
密切距离	近程	0 cm～15 cm	拥抱、保护和其他全面亲密接触行为
	远程	15 cm～45 cm	关系密切的人之间的距离，如耳语等
个体距离	近程	45 cm～75 cm	互相熟悉、关系好的个人、朋友之间的交往距离
	远程	75 cm～120 cm	一般朋友和熟人之间的交往距离
社交距离	近程	120 cm～200 cm	不相识的人之间的交往距离
	远程	200 cm～350 cm	商务活动、礼仪活动场合的交往距离
公众距离	近程	350 cm～700 cm	公众场合讲演者与听众、课堂上教师与学生之间的距离
	远程	超过 700 cm	有脱离个人空间的倾向，多为国家、组织间的交往距离

3．幽闭恐惧

在日常生活中，当处于一个与外界断绝直接联系的封闭空间时，人会莫名地紧张、恐惧，总有一种危机感，如在封闭的电梯内，这时人渴望有某种与外界联系的途径，所以在电梯内安装了电话。因此，窗户不仅解决了房间的采光问题，也是室内与外界保持联系的重要途径。

（二）人的行为习性

人的行为与客观环境是相互作用、相互影响的。人的环境行为是通过人对环境的感觉、认知，引起相应的心理活动，从而产生各种行为表现。同时，人的环境行为也受人类自身生理或心理需要的作用。各种作用的结果使人不断地适应环境、改造环境、创造新环境。人在与环境相互作用的过程中逐步形成的某种惯性，即人的行为习性。

（1）左转弯和左侧通行。在不需遵守交通规则的公共场所，人们常常会沿道路左侧通行，而且左转弯。这对空间的布局和流线组织具有指导意义，如商场柜台的布置形式、顾客流线的组织与引导、楼梯、电梯位置的安排等。

（2）抄近路。当人有目的移动时或清楚知道目的地位置时，总会选择最短的路线。

（3）识途性。识途性是人类的一种本能，当不熟悉路径时，人们总会边摸索边到达目的地，返回时则常常循来路返回。

（4）依托的安全感与尽端趋向。活动在室内空间的人们，从心理感受来说，通常在大型室内空间中更愿意有所"依托"。如在火车站和地铁站的候车厅或站台上，人们并不较多地停留在最容易上车的地方，而是愿意待在柱子边。人群相对散落地汇集于厅内、站台上的柱子附近，适当地与人流通道保持距离。在柱子边人们感到有了"依托"，更具安全感，如图1-18所示。

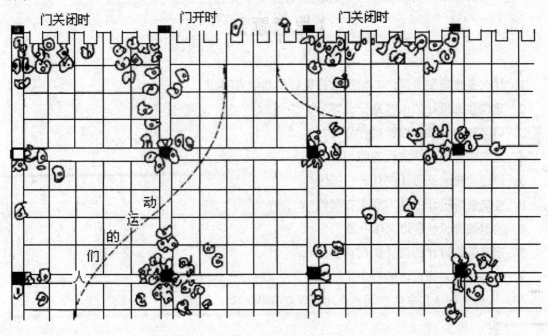

图 1-18　在火车站等车时人们所选择的位置

日常生活中人们还会非常明显地观察到，集体宿舍里先进入宿舍的人，如果允许自己挑选床位，他们总愿意挑选在房间尽端的床铺，可能是由于生活、就寝时相对较少地受干扰的原因。同样情况也见之于就餐人对餐厅中餐桌座位的挑选。相对地，人们最不愿意选择近门处和人流频繁通过处的座位。餐厅中靠墙卡座的设置，由于在室内空间中形成更多的"尽端"，也就更符合散客就餐时"尽端趋向"的心理要求。

（5）从众与趋光心理。人有"随大流"的习性，即从众心理。尤其在紧急状况时，人们往往会更为直觉地跟着领头的人跑，以致成为整个人群的流向。同时，人们还具有从暗处往较明亮处流动的趋向。

【本章小结】

本章主要讲述了建筑装饰设计的基本知识、建筑装饰设计的发展和流派、人体工程学等知识。通过本章学习，读者可以了解建筑装饰设计的发展和流派；熟悉建筑装饰设计的意义、内容和分类；掌握建筑装饰设计的基本要素；了解建筑装饰的设计原则和依据；掌握人体工程学的基本知识及其在建筑装饰设计中的应用。

【思考题】

1. 什么是建筑装饰设计？建筑装饰设计的功能有哪些？
2. 建筑装饰设计的内容是什么？
3. 如何对建筑装饰设计进行分类？
4. 建筑装饰设计的发展趋势如何？
5. 简述建筑装饰设计的代表性流派。
6. 建筑装饰设计的基本要素有哪些？
7. 建筑装饰设计应遵循哪些原则？
8. 建筑装饰设计的设计依据有哪些？
9. 简述建筑装饰设计的程序。
10. 人体工程学在室内空间的作用表现在哪些方面？

第二章　建筑室内外空间

【学习目标】

- ➢ 了解室内空间的组成
- ➢ 熟悉室内空间的类型
- ➢ 掌握室内空间设计的形式美法则
- ➢ 掌握室内空间的组织设计
- ➢ 了解建筑室外空间类型
- ➢ 掌握室外空间设计原则

第一节　建筑室内空间

室内空间是人们为了某种目的而采用一定的物质技术手段从自然空间中围隔出来的。典型的室内空间是由顶盖、墙体、地面（楼面）等界面围合而成的。但在特定条件下，室内外空间的界限似乎又不那样泾渭分明，一般将有无顶盖作为区别室内外空间的主要标志。如只有四壁而无屋顶的只能被称为院子、天井；而有屋顶没有实墙的，如四面敞开的亭子、透空的廊子（见图 2-1）等，则具备了室内空间的基本要求，属于开敞性室内空间。

图 2-1　四面敞开的亭子

一、室内空间的组成

室内空间是由面围合而成的，通常呈六面体。这六面体由基面、顶面和垂直面组成。

（一）基面

基面，通常是指室内空间的底界面或底面，建筑上称为楼地面或地面。基面一般又分为水平基面、抬高基面和降低基面三大类。

1．水平基面

水平基面的轮廓越清楚，所划定的基面范围就越明确。为了在一个比较大的空间范围里划出一个被人感知的界面，通常在质地和色彩上加以变化。例如，在一个大的起居空间里，常用和地面色彩不同的地毯来划出一块谈话、会客的空间，如图 2-2 所示。

图 2-2   用地毯划分谈话空间

2．抬高基面

为了在大的室内空间范围里，创造一个富于变化的空间领域，常常采用抬高部分空间的边缘形式，以及利用基面质地和色彩的变化来达到这一目的。抬高部分所形成的空间范围，便成为一个与周围大空间分离的明确的领域。抬高基面的高度和范围，要根据使用情况的需要，以及空间视觉的连续性而定。当抬高的基面较低时，空间视觉的连续性较强，被抬高部分的空间和原来空间的整体性较强，整体空间的连续性不受很大的影响；当基面抬高至一定高度时，虽然在视觉上仍保持一定的连续性，但是整体空间已受到影响；当抬高的基面超过人的视线高度时，空间视觉的连续性已被破坏，整体空间已不复存在，从而被划分为两个不同的空间。

由于基面抬高所形成的台座和周围空间相比显得十分突出而醒目，因此常用于区别空间范围或作为引人注目的展示和陈列的空间，但其高度不宜过高，以保持整体空间的连续性。

例如，现代住宅的起居室或卧室，常利用局部基面的抬高布置床位或座位，并和室内家具相配合，产生更为简洁而富有变化的新颖室内环境，如图 2-3 所示。

图 2-3　床的抬高

3．降低基面

在室内空间中将部分基面下降，来明确一个特殊的空间范围，这个范围的界限可用下降的垂直表面来限定。当下降的基面和原基面相差不是很大时，空间的视线不受阻碍，仍保持整体空间的连续性；当基面下降到一定程度时，视线虽然不受阻碍，但整体空间的连续性已受到影响；当下降到人的视线受到阻挡时，整体空间效果受到破坏，而成为两个不同的空间（见图 2-4）。下降基面所形成的空间，往往暗示着空间的内向性、保护性，富有隐蔽感和宁静感。室内局部基面的降低，也可改变空间的尺度感。

图 2-4　基面共同组成室内空间

（二）顶面

顶面，即室内空间的顶界面，在建筑上称为天花或顶棚、天棚等。顶面可限定其本身和地面之间的空间范围。顶面、垂直面和基面共同构成限定的室内空间。顶面根据使用情况，可改变空间的尺度和突出主题，以取得丰富的室内空间效果。

顶面的高低直接影响着人们的感受。顶面太低，会感到压抑；顶面太高，又显得空旷。所以可以根据室内活动所需要的感受，来调整室内局部空间的高度。

由于装饰顶面不需承担结构荷载，它可以和结构层分开，所以其形式是多种多样的。例如，平面形、波浪形、凹凸形等。当室内空间的高度太低时，通常将结构与装饰层合一，如住宅的卧室（见图2-5）、客厅等。

图 2-5　卧室顶面

顶面和灯具关系非常密切，可以组成各种图案，也可以做成带形灯槽。顶面的形式、色彩、图案和质感，可以通过处理来满足室内空间的使用需要、音响效果需要和艺术需要，以及其他特殊需要。

顶面的装饰也可和墙面统一考虑，将墙面装饰作为顶面的延伸从而起到引导作用。

（三）垂直面

垂直面，又称侧面或侧界面，是指室内空间的墙面（包括隔断）。它是人们视野中最活跃的部分，不仅能限定空间的形体，还会给人以强烈的围合空间之感。一个垂直面将明确表达它前面的空间。例如，室内实体屏风等。

垂直面的高度不同，给人产生的围合感也不同。当垂直面高度在 60 cm 以下时，对人来讲并无围合感；当其高度达到 150 cm 时，开始有围护之感，但仍保持视觉上的连续性；当高度升至 200 cm 以上时，将起到划分空间的作用，具有明显的围合感。

一个垂直面可以派生出一个从转角处沿其对角线向外延伸的静态空间。例如，室内两墙交接的转角处通常放一组沙发，形成静态空间。两个互相平行的垂直面，限定了两个面之间的空间，这种空间具有一定的导向性。例如，室内走廊空间等。三个垂直面所组成的空间，其动向方位主要是朝向敞开的一面。四个垂直面所围合的范围，具有明确的限定的围合感，这种空间是封闭的、内向的围合空间。

垂直面上开一些洞口，能提供和相邻空间的连续感。所开洞口的大小、位置和数量，可以不同程度地改变空间的围合感，同时和相邻空间增加了连续感和流动感。

二、室内空间的类型

室内空间是根据人们各种各样的物质需要和精神需要而逐渐形成的。室内空间的种类很多。常见的室内空间主要有以下几种类型。

（一）交错空间和结构空间

1. 交错空间

交错空间是利用两个相互穿插、叠合的空间所形成的空间，又称为穿插空间。其主要特点是空间层次变化较大，节奏感和韵律感较强，有活力，有趣味。

在交错空间，人们上下活动，交错穿流，俯仰相望，静中有动，不但丰富了室内景观，也给室内空间增添了生气并且活跃了气氛，如图 2-6 所示。

图 2-6　交错空间

交错、穿插空间形成的水平、垂直方向空间流动，具有扩大空间的功效。空间活跃、富有动感，便于组织和疏散人流。在创作时，水平方向常采用垂直护墙的交错配置，形成空间在水平方向上的穿插交错，左右逢源，所形成的空间相互界限模糊，空间关系密切。

2. 结构空间

结构空间是指建筑物的室内结构件暴露于外的空间。结构外露于室内空间是现代派建筑的一个很明显的特征。人们通过对外露结构的观赏，可以感受结构本身的现代感、力度感、科技感和安全感，具有很强的感染力（见图 2-7）。因此，室内设计应充分利用合理的结构本身，为视觉空间艺术创造明显的或潜在的条件。

图 2-7 结构空间

当然，结构件的暴露容易展现粗劣简陋感，乏味而缺少生气。在考虑室内结构暴露设计时，须注意细部的完美设计。这样，一粗一细的对比，会使空间和谐而富于个性。

（二）开敞空间和封闭空间

1. 开敞空间

开敞空间是外向型的，限定性和私密性较小，强调与空间环境的交流、渗透、讲究对景、借景、与大自然或周围空间的融合（见图 2-8）。它可提供更多的室内外景观和扩大视野。在使用时，开敞空间灵活性较大，便于经常改变室内布置。在心理效果上开敞空间常表现为开朗、活跃。在对景观关系和空间性格上，开敞空间是收纳性的和开放性的。

2. 封闭空间

用限定性比较高的围护结构（承重墙、轻质隔墙等）包围起来的，无论是视觉、听觉、小气候等方面，都会造成与外部空间隔离状态的空间，称为封闭空间。在空间感上，封闭空间是静止的、停滞的，与周围环境的流动性较差，有利于拒绝外来的各种干扰。在心理效果上，封闭空间表现为严肃的、安静的或沉闷的，但具有很强的领域感、安全感。在对外景观关系和空间性格上，封闭空间是内向的、拒绝性的。因此，封闭空间具有私密性和个体性。

在不影响特定的封闭功能的原则下，为了打破封闭的沉闷感，经常采用灯窗、人造景窗、镜面等来扩大空间感和增加空间的层次，如图 2-9 所示。

图 2-8　开敞空间图

图 2-9　封闭空间的布光

（三）动态空间和静态空间

1. 动态空间

动态空间又称为流动空间，具有空间的开敞性和视觉的导向性，界面组织具有连续性和节奏性，空间构成形式富于变化和多样性，使视线从一点转向另一点，引导人们从"动"的角度观察周围事物，将人们带到一个由空间和时间相结合产生的"第四空间"（见图 2-10）。开敞空间连续贯通之处，正是引导视觉流通之时，空间的运动感既在于塑造空间形象的运动性上，更在于组织空间的节律性上。

图 2-10　动态空间

动态空间具有以下几个特点。

（1）利用机械、电器、自动化的设施、人的活动等形成动势。

（2）组织引导人流动的空间序列，方向性较明确。

（3）空间组织灵活，人的活动线路为多向。

（4）利用对比强烈的团和动感线性。

（5）光怪陆离的光影，生动的背景音乐。

（6）引入自然景物。

（7）利用楼梯、壁画、家具等使人的活动时停、时动、时静。

（8）利用匾额、楹联等启发人们对动态的联想。

2．静态空间

静态空间一般来说形式相对稳定，常采用对称式和垂直水平界面处理。空间比较封闭，构成比较单一，视觉多被引到在一个方位或一个点上，空间较为清晰、明确。静态空间一般来说形式相对稳定，常采用对称式和垂直水平界面处理，如图 2-11 所示。

静态空间具有以下几个特点。

（1）空间的限定度较高，趋于封闭型。

（2）多为尽端房间，序列至此结束，私密性较强。

（3）多为对称空间（四面对称或左右对称），除了向心、离心以外，较少有其他倾向，达到一种静态的平衡。

（4）空间和陈设的比例、尺度协调。

（5）色彩淡雅和谐，光线柔和，装饰简洁。

（6）实现转换平缓，避免强制性引导视线。

图 2-11　静态空间

（四）虚拟空间和虚幻空间

1. 虚拟空间

虚拟空间是指在已界定的空间内通过界面的局部变化而再次限定的空间。由于缺乏较高的限定度，而是依靠视觉实形来划分空间，所以也称为心理空间。如局部升高或降低地坪和天棚，或以不同材质、色彩的平面变化来限定空间，如图 2-12 所示。

图 2-12　虚拟空间

2. 虚幻空间

虚幻空间是指利用不同角度的镜面玻璃折射和室内镜面反映的虚像，把人们的视线转向由镜面所形成的虚幻空间。虚幻空间可产生空间扩大的视觉效果，有时通过几个镜面的折射，把原来平面的物件造成立体空间紧靠镜面物体的幻觉，还可把不完整的物件塑造成完整物件的假象，如图 2-13 所示。

图 2-13　虚幻空间

在室内特别狭窄的空间，常利用镜面来扩大空间感，并利用镜面的幻觉装饰来丰富室内景观。在空间感上使有限的空间产生了无限的、奇幻的空间感。它所采用的现代工艺创造新奇、超现实的喜剧般的空间效果。

（五）固定空间与可变空间

1. 固定空间

固定空间是一种经过深思熟虑的、使用性质不变、功能明确、位置固定不变的空间。因此，固定空间可用固定不变的界面围合而成。例如，目前居住建筑设计中常将厨房、卫生间作为固定不变的空间，确定其位置，而其余空间可以按用户需要自由分隔。另外，有些永久不变的纪念性建筑的厅堂，也常作为固定不变的空间。

2. 可变空间

可变空间，又称灵活空间，是指可以改变的空间。可变空间常因使用功能的不同而改变其空间形式。因此，常采用灵活可变的分隔方式，如折叠门（见图 2-14）、可开可闭的隔断，以及影剧院中升降舞台、活动墙面、天棚等。

图 2-14　折叠门

（六）凹入空间与外凸空间

1. 凹入空间

凹入空间是在室内某一墙面或局部角落凹入的空间。它是在室内局部进退的一种室内空间形式，特别是在住宅建筑中运用比较普遍。由于凹入空间通常只有一面开敞，因此受到干扰较少，形成安静的一角。有时可将天棚降低，突出清静、安全、私密的特点，是空间中私密性较高的一种空间形式。根据凹进的深浅和面积的大小不同，可以作为多种用途的布置，如在住宅中利用凹入空间布置床位，创造出最理想的私密空间。在饭店等公共空间中，利用凹室可避免人流穿越的干扰，获得良好的休息空间。在餐厅、咖啡室等处可利用凹室布置雅座，如图 2-15 所示。在长内廊式的建筑，如办公楼、宿舍等可适当间隔布置凹室，作为休息等候场所，以避免空间的单调感。

图 2-15　凹入空间的应用

2. 外凸空间

凹凸是一个相对的概念，如外凸空间对内部空间而言是凹室，对外部空间而言是凸室。大部分的外凸空间希望将建筑更好地伸向室外，达到三面临空，饱览风光，使室内外空间融为一体；或通过锯齿状的外凸空间，改变建筑朝向方位等。外凸式空间在西洋古典建筑中运用得较为普遍，如建筑中的外挑阳台（见图 2-16）、阳光室等都属于这一类。

图 2-16　外挑阳台

（七）地台空间与下沉空间

1. 地台空间

室内地面局部抬高，抬高地面的边缘划分出的空间称为地台空间。由于地面升高形成一个台座，在和周围空间相比时十分醒目突出，表现为外向性和展示性，常用于商品的展示、陈列。如将家具、汽车等产品以地台的方式展出，创造新颖、现代的空间展示风格，如图 2-17 所示。现代住宅的卧室或起居室可利用地面局部升高的地台布置床位，产生简洁而富有变化的室内空间形态。在设计过程中可降低台下空间用于储存、通风换气等功能，改善室内环境。一般情况下，地台抬高高度为 40 cm～50 cm。

2. 下沉空间

下沉空间又称地坑，是将室内地面局部下沉，在统一的室内空间生成一个界限明确、富于变化的独立空间，如图 2-18 所示。

由于下沉地面标高比周围要低，因此具有一种隐蔽感、被保护感和宁静感，使其成为具有一定私密性的小天地。同时随着视线的降低，空间感觉增大，对室内景观会产生不同的影响，适用于多种性质的空间。根据具体条件和要求，可设计不同的下降高度，也可设计围栏保护。一般情况下，下降高度不宜过大，避免造成进入底层空间或地下室的错觉。

图 2-17　室内地台

图 2-18　下沉起居室

（八）共享空间

共享空间是为了适应各种频繁、开放的公共社交活动和丰富多样的旅游生活的需要。共享空间由波特曼首创，在国际享有盛誉。它以其罕见的规模和内容、丰富多彩的环境、别出心裁的手法，将多层内院打造得光怪陆离、五彩缤纷。共享空间是一个运用多种空间处理手法的综合体系，它在空间处理上，大中有小，小中有大，外中有内，内中有外，相互穿插，融合各种空间形态，变则动、不变则静。单一的空间类型往往是静止的感觉，多样变化的空间形态就会形成动感。图 2-19 所示为万科半岛广场 v-club 的共享空间。

图 2-19　万科半岛广场 v-club 的共享空间

（九）母子空间

人们在大空间一起工作，交流或进行其他活动，有时会感到彼此干扰，缺乏私密性，空旷而不觉亲切。而在封闭空间虽避免了上述缺点，但又会产生工作中的不便和空间沉闷、闭塞的感觉。母子空间是对空间的二次限定，是在原空间中运用实体性或象征性的手法而限定出小空间，将分隔与开敞相结合，在许多空间中被广泛采用。通过将大空间划分成不同的小区，增强了亲近感和私密感，更好地满足了人们的心理需要。这种在强调共性中有个性的空间处理，强调心（人）、物(空间)的统一，是公共建筑设计的进步。由于母子空间具有一定领域感和私密性，大空间相互沟通、闹中取静，较好地满足了群体和个体的需要，如图 2-20 所示。

图 2-20　母子空间

三、室内空间设计的形式美法则

室内空间设计美学法则的内涵是指从审美的角度理智寻求、有意体现的一种形式美。形式美是室内设计作品给人以美感享受的主要因素。美是可以感知的，但只能通过形式体现出来，因为人们在审美活动中首先接触的是形式，并通过形式唤起人们对美的感应、对内容的接受，美是不能离开形式的，但不是所有的形式都是美的形式。其属性有点像语言文学中的文法，掌握了文法可以使句子通顺，不出现病句，但不等于具有了艺术感染力。

形式美是有规律可寻的，其法则具有普通性、必然性和永恒性。与人们审美观念差异、变化和发展是两个不同的范畴，不能混为一谈。前者是绝对的，是多种不同情况下都能应用的一般原则；后者是相对的，随着民族、地区和时代的不同而发展变化的。绝对寓于相对之中，并体现在一切具体的艺术形式之中。具体来说，形式美具有统一、协调，变化、多样，比例、尺度，均衡，比拟与联想等一种或几种属性。

（一）统一、协调

任何艺术表现必须具有统一、协调性，这点对所有的造型设计都是适用的。即有意识地将多种多样的不同范畴的功能、结构和构成的诸要素有机地形成完整的整体，这就是通常所称造型设计的统一性。取得统一性的方法有以下几种。

（1）协调。在形式美法则中，协调是取得统一的主要表现方法。协调是指强调联系，表现为彼此和谐、具有完整一致的特点。

（2）主从。讲究主从关系，就是在完整而统一的前提下，利用从属部分来烘托主要部分，或者是用加强手法强调其中的某一部分，以突出其主调效果。

（3）呼应。呼应是在室内空间缺乏联系的各个不同形式或立面上，如柱的顶与脚、柱与墙面、墙面与门套、窗套等，运用相同或近似的细部处理手法，使其在艺术效果一致的前提下，取得各部分间的内在联系的重要手段。

① 结构件和细部装饰上的呼应。在必要和可能的情况下，可以运用相同或近似的构件，配置于各个不同的局部或形体，出现实质重复，以取得它们之间的呼应。例如，采用同一式样的拉手、五金配件或饰件，就能使不同功能的空间在外观上取得统一效果。

② 色彩和质感上的呼应。构图中，常在主色调的局部运用一些相应的对比色，如黑与白等，以取得醒目的呼应。利用材料、质感之间的细微差异，也能给人一种呼应的统一感。如图 2-21 所示为色彩和质感上呼应的餐厅设计。

图 2-21　色彩和质感上呼应的餐厅设计

（二）变化、多样

室内空间是由若干具有不同功能和结构意义的形态构成因素组合而成的，于是形成各部分在体量、空间、形状、线条、色彩、材质等方面各具特点的差异。但是室内设计中，只要充分考虑和利用这些差异，并加以恰当的处理，就能在统一的整体之中求得变化，使空间造型在表面上既和谐统一，又丰富多变。通常，认为有对比、韵律、重点等几种表现方法。

（1）对比。所谓对比，是指强调差异，表现为互相衬托，具有鲜明突出的特点。形成对比的因素有很多，如曲直、动静、高低、大小、颜色的冷暖等。室内设计中，常运用对比的处理手法，构成富于变化的统一体，如形状方圆的对比、空间的封闭与开敞、颜色的冷暖、材料质地的粗细对比等。

（2）韵律。造型设计上的韵律，是指某种图形或线条有规律地不断重复呈现或有组织地重复变化，这恰似诗歌、音乐中的节奏和图案中的连续与重复，以起到增加造型感染力的作用。无韵律的设计就会显得呆板和单调。韵律可借助于形状、颜色、线条或细部装饰而获取。

①　连续韵律。由一个或几个单元组成，并按一定距离连续重复排列而取得的韵律，称连续韵律。如图 2-22 所示的帕特农神庙的石柱设计采用连续排列的方式，增强了节奏感。

②　渐变韵律。在连续重复排列中，将某一形态要素作有规则的逐渐增加或减少，所产生的韵律，称渐变韵律。图 2-23 所示的中国馆的建筑造型就体现出这一点，由上至下做有规律的增减，形成统一和谐的韵律感。

图 2-22　帕特农神庙的连续韵律

图 2-23　中国馆的渐变韵律

　　③ 起伏韵律。在渐变中，形成一种规律的增减，而且增减可大可小，从而产生时高时低、时大时小、波浪似的起伏变化，称作起伏韵律。图 2-24 所示的悉尼歌剧院外形如波浪起伏体现不规律的节奏感。

　　④ 交错韵律。有规律的纵横穿插或交错排列而产生的一种韵律，称交错韵律。在具体运用上，有时也可通过交错韵律的重复而取得连续韵律的效果。交错韵律较多地用于天棚、墙裙装饰细部的处理。

　　（3）重点。重点是指吸引视觉注意力于某一部位的艺术处理手法，其目的在于打破单调的格局，加强变化，突出主体，形成室内空间的趣味中心。

　　① 对比法突出重点。对于某些过于单调的室内空间，除了运用色彩和线脚进行有效的对比处理外，还可以选用精致而合体的软包、压线造型、五金灯具、饰件作为重点处理，或选择适宜的部位，如某一根柱、某一道门以重点装饰，获取华素适宜的对比效果。

② 加强法突出重点。重点表现的另一方法，是选择室内空间中某一部分进行艺术加工，如门的门套突出部分、墙和天棚转折处的阴角部分、视线易于停留的焦点处等，运用艺术加强的手法，强调其艺术表现力。

图 2-24　悉尼歌剧院起伏韵律外观

（三）比例、尺度

室内设计的空间包含两方面的内容：一方面是整体或者它的局部本身的长、宽、高之间的尺寸关系；另一方面是室内空间与家具陈设彼此之间的尺寸关系。比例关系是决定室内设计形式美的关键。

1．几何形状的比例

对于形状本身来说，当具有确定的外形而易于吸引人的注意力时，如果处理得当，就可能产生良好的比例。所谓确定的外形，就是形体周边的比率和位置，不能任意加以改变，只能按比例地放大或缩小，不然就会丧失此种形状的特性。例如正方形，无论形状的大小如何，它们的周边的比率永远等于 1，周边所有的角度永远都是 90°；圆形则无论大小如何，它们的圆周率永远近似等于 3.141 6；等边三角形也具有类似的情况。而长方形就不是这样，它的周边可以有各种不同的比率而仍不失长方形，所以长方形是一种不确定的形状，但是经过人们长期的实践，探索出若干种被认为完美的长方形。

（1）黄金比。毕达哥拉斯为了研究比例，试把一条有限直线分为长短两端，反复加以改变和比较，最后得出：短比长相当于长比全，而且长短相乘得出的面积也是同样的比例。古希腊美学的主要奠基人之一柏拉图把这个比例称为"黄金分割"，并发现了比例和音乐节奏的密切联系。

（2）黄金尺。现代著名的建筑大师勒·柯布西耶根据对人体比例的研究，将"黄金分割"进一步发展成"黄金尺"，谋求给予建筑造型以合理性。其实虽然比例可以发端于对人体的研究，可是一旦当它作为一种独立的科学法则时，就不再受自然界的限制，而是按照人的理想尺度创造更加科学的数比形式了。因此，永恒的比例美是不存在的。随着时代发展，美的观念和习惯也在发展，它不会永远一成不变。

（3）等差数列比。所谓等差数列比就是指形式间的数比差是相等的，如1，2，3，4，5，6，…。如果用具体形象表示的话，就成为相等的阶梯状。平均比例关系在造型上是较单纯的，因为它同普通的量尺没有什么本质区别。

（4）等比数列比。等比数列比，即各项比例关系呈一定倍数关系，如1，2，4，8，16，32，64，…。它比等差数列比具有更好的韵律感。

（5）平方根比。这种比例，简单地说就是第一个正方形的对角线做第二个矩形的长边，再以第二个矩形的对角线作为第三个矩形的长边……以此类推。

2．几何形状的组合比例

对于若干几何形状之间的组合，或者互相包容，如果具有相等或相近的比率，也能产生良好的比例。

上面讲到的按"数"的自然规律而形成的比例法则，赋予了室内设计的科学意义，但这些比例规律不是绝对的。几何形状的比例，毕竟是从属于结构、材料、功能以及环境等因素的。所以，不能仅仅从几何形状的观点去考虑比例问题，还应综合形式比例的各种因素，作全面的平衡分析，才有利于创造新的比例构思。

（四）均衡

均衡也可称平衡，在室内设计中，均衡带有一定的普遍性，表现为具有安定感。

由于室内空间是由一定的体量和不同的材料组合而成的，常常表现出不同的重量感，均衡是指室内空间各部分相对的轻重感关系。获得均衡的方法是多方面的，具体分析如下：

1．对称均衡

对称也可称为均齐。所谓对称均衡，就是以一直线为中轴线，线之两边相当部分完全对称，有如天平之平衡。对称的构图都是均衡的，但对称中需要强调其均衡中心，把一些竖线按对称无限排列，虽然产生均衡现象，但因找不到一个明显的均衡中心，在视觉上没有停留的地方，故其效果必然是既乏味又不集中。如果在其中强调出均衡中心，那么一种完美的均衡表现立即就会产生。如图2-25所示为对称的室内空间。

图 2-25　对称的室内空间

2. 非对称均衡

非对称中心两边形式不同，但均衡表现相同时，称之为非对称均衡。为了造型设计上的要求，可以有意识处理成不同的非对称均衡形式来丰富造型的变化。非对称均衡比对称均衡更需要强调其均衡中心。因为非对称所形成的多边形，常常导致视觉杂乱，单凭视觉去审视均衡是较困难的。所以在构图的均衡中心上，必须给予十分有力的强调，这正是非对称均衡的重要原则。

室内空间造型的均衡还必须考虑另一个很重要的因素——重心。人们在实践中，遵循力学原则，总结出重心较低，底面积大，就可取得平衡、安定的概念。

此外，有些室内设计并不以体量变化作为均衡的准则，而是利用材料的质感和较重的色彩，形成不同的重量感来获得重心稳定的均衡感。

（五）比拟与联想

室内设计作为一种艺术创作，可以具有不同的个性，如可以是优雅的、富有表情的、庄严的、活泼的、有力量的，或具有经济效益好、效率高的特征等，但是它必须具备与某种空间功能有联系的特征。在具体表现上，这些个性特征常常与一定事物形象的比拟与联想有关。

例如，在一些要求表现庄严效果的会议厅，室内设计常采用对称、端正的轮廓和形象，注重材料质感的运用和细部的艺术处理，讲究色彩的稳重而不追求过于华丽的效果，这些都与庄重典雅的概念接近。而在一些文娱活动的场所，如文化宫、音乐厅、展览厅等处，则多采用优美的曲线、奔放明快的色彩，以取得亲切、愉快、宜人的效果。

儿童活动空间的设计就是融合了这两种设计手法，形成趣味盎然的构思。它以儿童熟悉喜爱的形象作为构思联想的素材，运用各种比拟方法进行造型设计。除在形体构图上采用具有一定象征意义的事物形象外，还在色彩上采用鲜明、活泼的对比色。

运用比拟与联想，必须力求恰当。也就是说，要恰如其分地正确表达功能内容，包括使用功能和精神功能。

四、室内空间的组织设计

室内空间设计主要以空间的组织来实现的，空间组织主要表现于空间的分隔与组合。依据空间的特点、功能与心理要求，以及艺术审美特征的需要来进行分隔与组合。

（一）室内空间的分隔

1．空间分隔方式

室内装饰设计中的首要问题无疑是空间的组织问题。在室内各种不同空间的组合中，不同的空间之间除了有一定的联系之外，还有各自的独立性。这种空间的独立性，主要是通过不同的空间分隔方式来达到。具体采用何种空间分隔方式，要根据空间的特点和功能要求，同时还考虑人的审美和心理需求。从人的感受和物体自身视觉特性的变化来看，在无遮挡的室内，出现凹进或凸出，或远离墙的物体或天棚悬挂物，以及楼地面、墙面等材料的变化，照明方式的不同等，都能在人的视觉区域中构成一个个序列空间。空间分隔的形式，可根据不同的功能要求进行相应的分隔处理。近年来，随着物质材料的多样化，立体的、平面的、相互穿插的、上下交叉的装饰形式不断出现，再加上采光、照明形式的配合，通过光影、明暗、虚实、陈设的繁简，以及空间处理的变化等，都能产生形态各异的空间分隔形式。从空间的分隔与关系程度不同，可以将其归纳为下列几种分隔方式。

（1）绝对分隔。由承重墙、到顶的轻质隔墙分隔出界限明确，限定度高，空间封闭的分隔形式称为绝对分隔（见图 2-26）。其优点是隔音良好，视线完全阻断，温度稳定，私密性好，抗干扰性强，安静，其缺点是空间较为封闭，与周围环境流动性差。

（2）局部分隔。用单片的面（屏风、翼墙、较高的家具、不到顶的隔墙等）来对空间进行划分的分隔形式称为局部分隔。限定度的大小强度因界面的高低、大小、形态、材质而不同。局部分隔的特点是对空间有分隔效果但不十分明显，被分隔空间之间界限不大分明，有流动的效果，如图 2-27 所示。

图 2-26　绝对分隔

图 2-27　局部分隔

　　（3）象征性分隔。用低矮的面、家具、绿化、水体、悬垂物、色彩、材质、光线、高差、音响、气味等手段，还有柱杆、花格、构架、玻璃等通透隔断来分隔空间的分隔形式称为象征性分隔。

　　这种分隔方式的限定度很低，空间界面模糊，侧重于心理效应，调动人的联想和视觉完形心理而感知，追求似有似无的效果，具有象征性。这种分隔方式是隔而不断，似隔似断，层次丰富，流动性强，强调意境及氛围的营造，如图 2-28 所示。

图 2-28 象征性分隔

（4）弹性分隔。利用拼装式、折叠式、升降式、直滑式等活动隔断和家具，以及陈设帘幕等分隔空间，可以根据使用要求随时移动或启闭，空间也就随之或大或小，或分或合（见图 2-29），这种分隔方式称为弹性分隔。这样分隔的空间称为弹性空间或灵活空间，其优点是灵活性好，操作简单。

图 2-29 弹性分隔

2. 具体分隔方式

空间的分隔与联系是室内空间设计的重要内容。空间分隔决定了空间之间联系的程度，分隔的方式则在满足不同的分隔要求的基础上，创造出美感、情趣和意境。室内空间分隔具体手法很多，常用的有以下两种。

（1）垂直型分隔空间。这种分隔形式将室内空间沿着与地面相切的90°方向进行分隔，手段多种多样。

① 列柱、翼墙分隔空间。这与建筑设计中承重结构的柱子、翼墙不同，是为了满足特定空间的要求而虚设的。它可以将空间划分成既有区别又相互联系的不同空间区域，创造特定的空间气氛，常用于酒吧、舞厅等。

② 装饰分隔空间。通常指利用落地罩、屏风、博古架隔断、活动折叠隔断等，有时配合陈设来分隔空间的形式。它的划分形式很多，要求因地制宜灵活处理。常用于餐厅、门厅等空间。

③ 建筑结构分隔空间。建筑结构中的柱、构架、拱等符合建筑力学规律，具有力学美、技术美，利用建筑结构分隔空间顺其自然和谐。

④ 软隔断分隔空间。通常用帷幔、垂珠帘等特制的折叠连接帘来分隔空间。经常用于读书、工作室、起居室的室内空间划分。它利用软隔断物理性质柔软特点来达到温馨的效果。

⑤ 建筑小品分隔空间。通过喷泉、水池、花架、绿化等建筑小品，对室内空间进行划分。它不但有保持大空间的特点，而且漾动的水和绿色花卉架增加了室内的活生机，常用于起居室、门厅等大空间。

⑥ 灯具分隔空间。利用灯具的布置对室内空间进行分区，是室内环境设计的常用手法。一个室内的公共活动空间或休息空间，常常配以灯具和陈设，提供合适的照度，同时也分隔限定了空间。

⑦ 家具分隔空间。家具是室内空间分隔的主角之一。人们常利用家具（如桌椅、橱柜）的布置，使小空间变大，大空间分为多空间，从而大大提高空间利用率；反之，如果布置欠妥，那么显得分隔凌乱。所以被划分的各空间之间要有明确的区域和主从关系。

⑧ 其他形式的分隔空间。按空间构成原理，各种类型的物体都可在分隔空间时加以利用。在进行室内空间设计时，可以根据需要大胆创造，为室内空间划分增加更多的、更好的、新的内容。

（2）水平型分隔空间。这种分隔形式的分隔体与地面呈平行关系，目的是要充分利用室内空间，室内空间组织更加丰富，与垂直划分产生对比效果，增加生动感。主要形式有下列五种。

① 挑台分隔空间。在较高的空间中，利用挑台将部分室内空间分隔成上下两个空间层次，增加空间的造型效果，扩大了实际空间领域，常用于层高较高的大型公共室内空间，特别是公共建筑底层的门厅设计。

② 看台分隔空间。看台分隔空间通常在观演建筑的大空间中应用较多，它从观众厅的侧墙和后墙面延伸出来，把高大的大空间分隔成有楼座看台的复合空间。除了丰富室内空间效

果外，还增加了一定的趣味感，使空间更具生动活泼感。

③ 夹层分隔空间。和挑台类似，常见于商业建筑的部分营业厅和图书馆建筑中带有辅助书库的阅览室。这种分隔形式空间利用率高，各得其所。

④ 悬顶分隔空间。悬顶即悬吊的天棚，是现代室内环境的主要内容之一。悬吊部分的面积大小、凹凸曲折、上下高低等形态按功能需要作多种处理。这种形式的目的，不在于利用空间而在于对某些空间进行限定强调，打破空间的单调感，使之更加丰富、充实。无论是公共建筑还是住宅，为了营造环境气氛，丰富环境效果，常采用这种方法。

⑤ 升降地面分隔空间。将室内的地面高度用台阶的方式进行局部提高或局部下降，或做成阶梯状。提高和降低局部地面可以界定出一定的空间界限，并产生不同心理的联想空间形态。局部提高，具有收纳性和展示性。人处在其上，有一种居高临下的方位感，视野开阔，适用作讲台、表演台等。局部下降，有较强的围护感，处于其中，视点降低。通常用于休息、舞池等空间。

（二）室内空间的联系

室内空间并非孤立的存在，空间与空间之间应有一定的联系，特别是近邻空间。正因为空间之间的相互衬托、相互利用、相互沟通，才使室内空间显得丰富多彩。室内空间联系的方式常见的有以下几种。

（1）利用空间相邻。相邻空间是空间关系中最常见的组合形式。相邻空间的组合或根据功能需要或依据空间的象征意图加以划定，相邻空间之间的视线和空间连续程度如何，必须根据设计意图加以确定。

相邻空间的划分形式有实隔和虚隔之分。实隔一般多为墙体，或固定或活动；虚隔有半虚半实、以实为主，实中有虚或以虚为主，虚中有实。可利用列柱、家具和陈设来分隔空间，也可利用天棚、地坪和高低变化来限定空间，甚至还可用色彩、材料质地的不同来区分不同的相邻空间。

（2）利用空间穿插。所谓穿插空间，是指由两个相互穿插叠合的空间所形成的一种空间形式，当两空间重叠时，将产生一个公共的空间。相互穿插的两个空间的体量可以各不相同，形式各异，穿插方式也可多种多样，关键是空间穿插之后各空间仍保持各自的界限和完整性。

在现代室内设计中，人们已不满足于封闭的、规整的六面体和简单划一的空间划分。为了追求空间形式的多样性，空间处理在水平方向上，往往采用垂直围护面的交错配置，形成空间在水平方向的穿插交错；在垂直方向上，则打破原先惯用的上下对位关系，创造一种上下交错覆盖、俯仰相望的景象。

空间的穿插大体上可归纳为下列三种形式。

①两空间的穿插部分为两空间共同所有，你中有我，我中有你，相互界限模糊，两空间关系密切，如图2-30（a）所示。

②两空间的穿插部分为其中一空间所有，或为该整体空间中的一个部分，另一空间的剩下部分仍保持原有空间形状，如图 2-30（b）所示。

③两空间穿插后，穿插部分自成一体，形成另一连续空间，这一空间也可作为一个空间过渡到另一个空间的过渡空间，如图 2-30（c）所示。

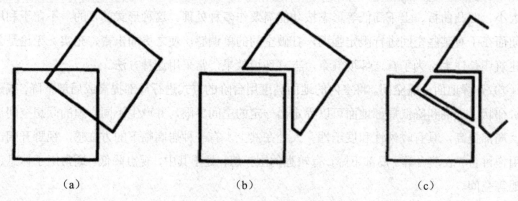

（a）   （b）   （c）

图 2-30 空间穿插形式

（3）利用空间过渡。两个大空间之间如果以简单的方法直接连通，常常会使人感觉到单薄或突然，从前一个空间进入后一个空间时，往往人的印象不深。倘若在两个大空间之间插入一个过渡空间，使之成为连接两空间的媒介或桥梁，这样人们从一个空间进入另一个空间便不会产生突兀和局促感了。过渡空间虽然本身并没有什么具体的功能，但其在功能组织和艺术创作方面具有独特的作用和地位。

过渡空间的形式和方位可根据不同的功能要求和空间组织进行合理的配置。一般情况下，过渡空间多为一些相对较低矮的小空间，明度也不宜太高，体形通常与被连接的主题空间相协调。过渡空间的设置也不可过于机械生硬，通常可将一些辅助用房或楼梯间、厕所等与过渡空间巧妙地组合在一起，这样既可节省面积，又可通过过渡空间进出部分辅助用房，从而有效地保证了主体空间的完整性。

过渡空间的设置必须看具体情况而定，并非每两个大空间之间都必须插入一个过渡空间，不恰当地设置过渡空间不仅会造成浪费，还会使人感到烦琐和累赘。过渡空间的形式是多样的，可以是过厅、过廊或是其他空间形式。有时为了达到室内外空间的过渡与衔接，也可在室内外空间之间插入一个过渡空间——门廊。通过门廊的调节，使人们从室外进入室内不致产生过分突然的感觉。同时，在某些场合门廊还可起到自然联系室内外空间关系、调节空间关系的作用。

（4）利用母子空间和共享空间。利用铺地，由室外延伸到室内，或利用墙面、天棚或踏步的延伸，以及绿化的布置等也可以起到联系空间的作用。

（三）室内空间的序列

空间序列是指将空间的各种形态与人们活动的功能要求，按先后顺序有机地结合起来，组成一个有秩序、有变化的完整的空间集群。

建筑是具有三度空间的实体，人们无法一眼就看到它的全部，必须通过移动，从一个空间走到另一个空间，才能逐一地看到各个空间，从而形成整体空间印象。

组织空间序列就是沿着主要人流路线逐一展开空间。在展开过程中，要注意空间序列的起始、高潮和结束，就像一首乐曲一样，要有起有伏，有开始、高潮和结束，使人们在心理上和精神上产生一系列的变化，时而平静、时而起伏、时而兴奋，既协调又有鲜明的节奏感，从而达到感情上的共鸣。人在空间活动感受到的精神状态是空间序列考虑的基本因素，空间的艺术章法是空间序列设计的主要内容。

1．室内空间序列的全过程

室内空间序列的全过程，一般可分为起始阶段、展开阶段、高潮阶段和结束阶段。

（1）起始阶段。起始阶段是整个序列的开端，预示着序幕即将拉开。开端必须具有足够的吸引力。为了有一个好的开端，必须妥善处理好内、外空间的过渡关系，这样才能把人流引导和过渡到室内。

（2）展开阶段。展开阶段又称延续阶段或过渡阶段，它既是起始后的承接阶段，又是高潮阶段出现的前奏，在序列中具有承上启下的作用。展开阶段是序列中的关键一环。特别是在长序列中，展开阶段可以表现出不同层次和细微的变化。由于展开阶段紧接着高潮阶段，因此它对最终高潮的出现具有引导的作用。展开阶段要有起有伏、循序渐进、逐步深化，处理得巧妙，能够烘托主要空间，并加强空间序列的节奏感。

展开阶段的空间布局，主要取决于建筑性质、规模和环境等因素，可采用对称式、规则式和自由式等方式布局。序列的活动路线可用直线形、折线形或迂回形等。我国历代的宫殿多采用规则式、对称式布局，其活动路线常采用直线形，这样给人的感觉是庄严、肃穆。园林的空间序列，常采用不规则的自由式布局，其活动路线也采用迂回形、交叉形等，使人感到生动、富有情趣。

在展开阶段，还要采取重复或再现空间的手法，形成一定的韵律感，并且衬托重点、突出重点。由于重复或再现而产生的韵律具有明显的连续性，人处在这样的空间，常会期待高潮的出现，这样就为高潮的出现做好了准备。

（3）高潮阶段。高潮阶段是全序列的重点、中心、精华，也是序列艺术的最高体现。从某种意义上讲，其他各个阶段都是为高潮阶段的出现服务的。到了高潮阶段时，人的情绪达到顶点，人们的期待也就此实现，这时空间设计的艺术章法也就得到了充分的体现。因此，充分考虑期待后的心理满足和激发情绪达到顶点，是高潮阶段的设计核心。

高潮可以多次出现。对于多功能综合性较强而且规模较大的空间序列，可以采取多高潮的方法。当然，这个多高潮也要有主次之分，有最高的波峰，也要有起伏的波浪。形成这种高潮的方法，通常是把主体空间安排在突出位置上，再用较小或较低的次要空间来烘托它、陪衬它。

高潮出现的位置一般是在整个空间序列的中部偏后，或者是整个序列的后部。当然，也有特殊情况。例如，宾馆的空间序列，为了吸引和招揽旅客，高潮常常布置在接近门厅入口和建筑中心位置的中庭。中庭是社交、休息、服务、交通的集中表现，同时也是更好地显示宾馆规模、气派、舒适、方便程度的场所，因此要使其成为整个空间序列中最引人注目的高潮阶段。广州白天鹅宾馆的中庭以"故乡水"为主题，山、泉、亭、桥点缀其中，故里乡情，宾至如归，不但提供了良好的休息环境，而且满足了侨胞精神的需要。这种在门厅入口不远即出现高潮的布置，很少有预示性的延续阶段，使人缺乏思想准备，也正因为这样出其不意，才使人产生新奇感，这也是短序列的特点之一。

（4）结束阶段。结束阶段是高潮过后的一个收尾的过程。由高潮阶段恢复到正常状态是这一阶段的主要任务。虽然它没有高潮那么重要，但也是不可缺少的一部分。良好的结束有利于对高潮的回味和联想，以加深对整个空间序列的印象。

从某种意义上讲，建筑艺术是一种组织空间的艺术。空间序列的组织关系到整个建筑的布局，因此应该在保证功能关系合理、符合顺应人流活动规律的基础上，综合运用空间序列的设计手法——对比与变化、重复与再现、衔接与过渡、渗透与层次、引导与暗示等，把个别的、独立的空间组成一个有秩序、有变化、统一完整的空间集群，使空间序列既完整、统一，又富有变化，从而创造一个丰富多彩、富有情趣，并具有节奏感、舒适感的室内环境。

2. 不同类型的建筑对室内空间序列的要求

不同性质的建筑有不同的空间序列布局，不同的空间序列手法有不同的序列设计章法。在现实丰富多样的活动内容中，空间序列设计不会完全像上述序列那样采用一个模式，突破常例有时反而能获得意想不到的效果。这几乎也是一切艺术创作的一般规律。在熟悉、掌握空间序列设计的普遍性外，在进行创作时还应充分注意不同情况下的特殊性。一般说来，影响空间序列的关键在于以下几个方面。

（1）序列长短的选择。序列的长短会反映高潮出现的快慢。高潮一出现，就意味着序列全过程即将结束，因而一般说来，高潮出现愈晚，层次必须增多，通过时空效应对人心理的影响必然更加深刻。因此，长序列的设计往往用于需要强调高潮的重要性、宏大性与高贵性的空间。

对于某些建筑类型来说，采取拉长时间的长序列手法并不合适。例如，以讲求效率、速度、节约时间为前提的各种交通客站，室内布置应该一目了然，层次愈少愈好，通过的时间愈短愈好，不使旅客因找不到办理手续的地点和迂回曲折的出入口而造成心理紧张。

对于有充裕时间进行观赏游览的建筑空间，为迎合游客尽兴而归的心理愿望，将建筑空间序列适当拉长是比较恰当的。

（2）序列布局类型的选择。采取何种序列布局，决定于建筑的性质、规模、地形环境等因素。一般来说，可分为对称式和不对称式，规则式或自由式。空间序列线路通常分为直线式、曲线式、循环式、迂回式、盘旋式、立交式等。我国传统宫廷寺庙以规则式和曲线式居多，而园林别墅以自由式和迂回曲折式居多，这对建筑性质的表达很有作用。现代许多规模宏大的集合式空间，丰富的空间层次，常以循环往复式和立交式的序列线路居多，这和方便功能联系、创造丰富的室内空间艺术景观效果有很大的关系。

（3）高潮的选择。在各类建筑的所有房间中，总可以找出具有代表性的、反映该建筑性质特征的、集中精华所在的主体空间，常常把它作为高潮的选择对象，成为整个建筑的中心和参观来访者所向往的最后目的地。根据建筑的性质和规模不同，高潮出现的次数和位置也不一样。多功能、综合性、规模较大的建筑，具有形成多中心、多高潮的可能性。即便如此，也有主从之分，整个序列似高低起伏的波浪一样，从中可以找出最高的波峰。根据正常的空间序列，高潮的位置总是偏后。例如，故宫建筑群主体太和殿和毛主席纪念堂的代表性空间瞻仰厅，均布置在全序列的中偏后；闻名世界的长陵布置在全序列的最后。

3. 室内空间序列的设计手法

好的室内空间序列设计宛似一部完整的乐章、动人的诗篇。空间序列和写文章一样，有起、承、转、合；和乐曲一样，有主题，有起伏，有高潮，有结束；和剧作一样，有主角和配角，有矛盾双方的对立面，也有中间人物。室内空间序列是通过室内空间的连续性、整体性给人以强烈深刻的印象，同时给人以美的享受。

好的空间序列需要通过对每一具体空间的艺术处理来实现，包括室内装饰、色彩、照明、陈设等布置手法，以达到理想的空间序列要求。在设计空间序列时，应注意以下几种基本的处理手法。

（1）引导与暗示。空间序列是由若干空间组织在一起的，人们不可能在同一时间、同一地点看到所有的空间，只有在移动中从一个空间走到另一空间，才能逐一看到相互联系的各个空间，才能感觉到空间的变化和差异。空间的导向性非常重要。这种导向性不是用文字形式来标明，而是用建筑所特有的语言传递信息，与人对话。特别是现代建筑空间的处理，比较强调人的活动与环境的有机结合，而产生的曲折复杂的布局效果，常采用暗示空间导向的手法组织空间序列。

在建筑中，通常采用连续的构件排列，如列柱、有规律的墙面、灯具的组织或绿化布置等手法，来引导和暗示人们沿着一定的方向流动。有时，也利用带有方向性的线条、色彩，结合地面和顶面的装饰处理，来引导、暗示人们的移动方向（见图 2-31）。只有这样，才能使人在动态中领略空间序列的全过程，给人留下强烈的印象。在室内设计中，各种韵律构图和形象构图对空间的引导和暗示，具有非常重要的作用。

图 2-31 地面连续线条和构件形成导向性

（2）重点与一般。要使整体空间具有一定的吸引力和凝聚力，必须使空间要素主次分明，有重点也有一般，既不能平均对待也不能各自为政。从空间序列的几个阶段来看，重点应放在起始阶段附近或高潮阶段。只有这样，才能使空间序列富有层次和变化。要使空间重点突出，除采用体量的大小、形状的变化和色彩的对比等手段外，还要注意室内空间视觉中心的作用，在重点部位应设置吸引人视线的物件，使重点部分更为突出。只有这样，才能使空间序列有起有伏，有重点又有一般，互相衬托、互相协调，成为有机的整体。

（3）对比与统一。体量是内部空间的反映。为了适应复杂的功能要求，内部空间必然具有各种各样的差异。如能巧妙地利用这种差异，可使室内空间丰富多彩。空间序列的全过程，就是一系列相互联系的空间组合。

对不同序列阶段，在空间处理上（空间的大小、形状、方向、明暗和色彩等）各有不同，以创造各不相同的空间氛围。而空间相互之间又是彼此联系、前后衔接形成统一的整体，既需要变化的一面，又需要统一完整的一面。

在空间的连续过渡中，前一空间要为后来空间做准备，并按照功能的序列格局安排，来处理前后空间的关系。一般来讲，在高潮阶段到来之前，其他延续空间可以有所区别，但必须在统一的基础上进行，以强调其共性和统一性。只有在紧接高潮阶段前的过渡空间里，才采用诸如先收后放、先抑后扬、欲明先暗等对比的手法，以增强高潮阶段的艺术感染力。

第二节 建筑室外空间

建筑室外空间是相对于建筑内部空间而言的。如果说被楼地面、墙面、顶棚所包围的空间是建筑室内空间的话,与建筑物相毗邻、介于建筑物内部空间与城市开放空间两者之间的空间即是室外空间。

特定建筑(或建筑群)的室外空间通常担负着该建筑(或建筑群)的部分使用功能,如交通联系、户外活动等。同时,建筑室外空间又属于外部开放空间的一部分,在景观、生态、文化等方面对其所在的外部空间环境产生一定的影响。

一、室外空间界面

建筑室外空间的边界有时是明确的,有清晰的边缘;有时又是模糊的,往往与室内空间或城市街道、广场等开放空间相联系。从空间的三维性来说,建筑室外空间的界面也有明确性和模糊性共存的特点。

(1)室外基界面。建筑室外平台、台阶、地面、花池、水体等水平界面组成室外空间的基界面。该界面在空间垂直方向的相对位置一般是明确的,但周边的界线往往是模糊的。如室外平台通常是室内门厅地面向外的延伸部分,室外地面又与街道、广场连通,形成人流疏散的必要通道。

(2)室外垂直界面。建筑(或建筑群)面向室外空间的立面即是该空间明确的垂直界面。除一些特殊的空间(如四合院)外,一般室外空间垂直界面是不完全围合的,即可能在空间侧面一个或二三个方向上无明显的垂直界面,建筑立面是完全向外界敞开的。

(3)室外顶界面。建筑室外空间一般是指露天空间,没有顶界面。但在室外一些局部空间,由于使用或景观上的要求,也可设置水平构件和装饰物,这些构件和装饰即构成了室外局部空间的顶界面。

二、室外空间的类型

建筑室外空间根据建筑的围合程度和界面的相对位置,可分为一般空间、围合式空间、复式空间和下沉式空间等几种类型。

(1)一般室外空间。一般室外空间指一侧毗邻建筑物,其他三边为城市空间(道路、绿化等)的室外空间。这是一种最常见的室外空间形式,如街道两侧的建筑物外部空间或一字形独立式建筑室外空间等。这种空间归属性较弱,与建筑物内部空间和城市开放空间之间都有较好的联系,如图 2-32 所示。

图 2-32　一般室外空间

（2）围合式室外空间。围合式室外空间是指两侧或三四侧毗邻建筑物的室外空间。这种空间归属性相对较强，与建筑物内部空间联系相对比较紧密，如图 2-33 所示。

图 2-33　围合式室外空间

（3）复式室外空间。复式室外空间一般由上下两层空间组成，下部空间与建筑物一层室内空间连通，上部空间则直接与二层以上室内空间相联系，如图 2-34 所示。这种室外空间功能性较强，如大中型火车站、商场外部空间等。

图 2-34　复式室外空间

（4）下沉式室外空间。下沉式室外空间是指地坪标高低于建筑物平台和周围开敞空间地坪的室外空间。这种空间独立性较强，有一定的趣味性，如图 2-35 所示。

图 2-35　下沉式室外空间

三、室外空间设计原则

室外空间设计一般包括对基地自然环境情况的研究、利用，对空间关系的发挥处理，还有与居住区整体风格的融合和协调。室外空间设计主要有道路的布置、水景的组织、路面的铺砌、照明设计、小品设计，以及公共设施的处理等，这些方面既有功能意义；同时又涉及视觉和心理感受。进行室外景观设计，设计者要将整体性、实用性、艺术性、趣味性结合起来。具体表现在以下几个方面。

（一）充分了解室外空间设计的组织立意

室外景观设计必须呼应居住区的整体设计风格主题，硬质室外景观需要同绿化等软质景观相互协调。不同室外景观设计风格会产生不同的景观配置效果，现代风格的住宅适宜采用现代景观的造园手法，地方风格的景观则适宜采用具有地方特色和历史语言的造园思路和手法。同时，室外景观设计要根据空间的开放度和私密性进行组织空间。

（二）室外空间设计要体现地方特征

室外空间设计要充分体现该地的独特性和基地的自然特色。我国幅员辽阔，自然区域和文化地域的特征区别很大，在进行室外空间设计时只有把握这些特点，才能营造出富有地方特色的室外空间环境。同时，室外空间设计还应充分利用区域内的地形和地貌特点，塑造出一种既富有创意又自然且极具个性的室外空间。

（三）室外景观设计中要使用现代材料

室外空间设计的一个重要内容，就是对于材料的选用。设计者应尽量使用当地较为常见的建筑材料，在充分体现当地自然特色的同时，还可以大大降低成本。目前，在材料的选用上有以下几种趋势：①非标制成品材料；②复合材料；③特殊材料，如玻璃、萤光漆、PVC材料；④注意发挥材料的特性和本色；⑤重视色彩的表现；⑥DIY材料，例如可以组合的儿童游戏材料等。另外，特定地段的需要和业主的个性化需求也是设计者必须考虑的因素。室外景观的设计必须方便运行和维护，一个景观设计、施工完成后，就要投入使用，在使用过程中必然要面对维护问题。如果室外景观很难维护，那么整个景观设计就算不上十分成功。

（四）室外空间设计要遵循点线面相结合原则

室外空间中的点是整个环境设计中的精髓所在。点元素经相互交织的道路、河道等线性元素贯穿起来，二者的有机结合使得景观区的空间变得有序。在居住区的入口或中心等地区，线与线的交织、碰撞又会形成面的概念，面是整个设计汇集的最高潮。点线面结合是室外空间设计的一个重要的基本原则。在现代居住区规划中，必须将人与室外空间有机融合，从而构筑全新的空间系统：①亲地空间，增加居民与地面接触的机会，从而创造出适合各类人群活动的室外场地和各种形式的屋顶花园等；②亲水空间，居住区硬质景观要充分发掘水的内涵，体现东方的理水文化，从而营造出亲水、观水、听水、戏水的公共场所；③亲绿空间，硬软景观要有机结合，充分利用车库、台地、坡地、宅前屋后构造出充满活力、自然的绿色环境；④亲子空间，室外景观设计中需要充分考虑到儿童活动的场地和设施，达到培养儿童友好协作和冒险精神的目的。

【本章小结】

本章主要讲述了建筑室内空间和建筑室外空间。通过本章学习，读者可以了解室内空间的组成；熟悉室内空间的类型；掌握室内空间设计的形式美法则；掌握室外空间设计原则。

【思考题】

1. 什么是室内空间？室内空间由哪些组成？
2. 简述建筑室内空间的类型及特点。
3. 室内空间设计的形式美法则是什么？
4. 空间分隔的方式有哪几种？
5. 常见的室内空间联系方式有哪些？
6. 简述室外空间的类型。

第三章　建筑室内空间界面设计

【学习目标】

➤ 了解室内空间界面装饰设计的原则

➤ 掌握室内空间界面装饰设计的要点

➤ 了解室内空间界面的要求和功能特点

➤ 熟悉室内空间界面材料的选择与应用

➤ 掌握建筑室内空间顶棚、楼地面和墙面的装饰设计

第一节　室内空间界面装饰设计的基本知识

室内界面既是构成室内空间的物质元素，又是室内进行再创造的有形实体。它的变化关系直接影响室内空间的分隔、联系、组织和艺术氛围的创造。因此，界面在室内设计中具有重要的作用。

室内界面，即围合成室内空间的底面（楼、地面）、侧面（墙面、隔断）和顶面（吊顶、天棚）。人们使用和感受室内空间，但通常直接看到甚至触摸到的则为界面实体。从室内设计的理念出发，必须把空间与界面、虚无与实体，这一对"无"与"有"的矛盾，有机地结合在一起来分析和对待。在具体的设计过程中，不同阶段也可以各具重点。例如在室内空间组织、平面布局基本确定以后，对界面实体的设计就显得非常突出。室内界面的设计既有功能技术要求，也有造型和美观要求。此外，现代室内环境的界面设计还需要与室内的设施、设备予以周密的协调。例如，界面与风管尺寸；出、回风口的位置，界面与嵌入灯具或灯槽的设置，以及界面与消防喷淋、报警、通信、音响、监控等设施的接口也极需重视。

一、室内空间界面装饰设计的原则

室内空间界面装饰设计的原则主要有以下几个。

（1）统一的风格。室内空间界面尽管在室内分工不同、各具功能特征，但是同一空间内的各界面处理必须在同种风格的统一下来进行。这是室内空间界面装饰设计中的一个最基本的原则。若将不同风格的做法不加思索地拼凑在一起，则会不伦不类,让人有无所适从之感。

图 3-1 所示为统一风格的室内装饰。

图 3-1　统一风格的室内装饰

（2）与室内氛围相一致。不同使用功能的空间，具有不同的空间性格和不同的环境氛围要求。在室内空间界面装饰设计时，应对使用空间的氛围作充分的了解，以便作出合适的处理。例如，居室要求富于生活趣味以及亲切、安静的室内空间环境，而酒店客房则要求豪华、色彩丰富、空间尺度较大而富有变化，既要符合客人休息、活动的要求，同时又要满足客人的交往要求。因此，在设计中，同样的居住空间，对其空间界面应作不同的装饰处理。

（3）避免过分突出。室内空间界面在处理上切忌过分突出。这是因为室内空间界面始终是室内环境的背景，对室内空间家具和陈设起烘托、陪衬作用。若过分重点处理，势必喧宾夺主，影响整体空间的效果。对室内空间界面的装饰处理，必须始终坚持以简洁、明快、淡雅为主。对于需要营造特殊氛围的空间，如舞厅、咖啡厅等，有时也需要对室内空间界面作重点装饰处理，以加强效果。

二、室内空间界面装饰设计的要点

室内空间界面装饰设计，应着重处理好形状、质感、图案和色彩等方面。本章仅介绍形状、质感和图案三方面。

（一）形状

室内空间的形状与线、面、形相关，形体是由面构成的，面则是由线构成的。

室内空间界面中的线，主要是指分格线和由于表面凹凸变化而产生的线。这些线可以体现装饰的静态或动态效果，可以调整空间感，也可以反映装饰的精美程度。密集的线束具有极强的方向性；柱身的槽线可以把人的视线引向上方，增加柱子的挺拔感；沿走廊方向表现出来的直线，可以使走廊显得更深远。弧线有向心或离心作用，观众厅顶棚上两端弯向舞台的弧形分格线,有助于把人的视线引向舞台;圆形餐厅顶棚上的圆形分格线,可以把人的视线引向室外。

室内空间界面的形,主要是指墙面、地面、顶棚的形(见图3-2)。此外,还包括整个墙面、地面、顶棚的基本部分的形。形具有一定的性格,是由人们的联想作用而产生的。例如,棱角尖锐的形状容易给人以强壮、尖锐的感觉;圆滑的形状容易给人以柔和与迟钝的感觉;扇形使人感到轻巧与华丽;等腰梯形使人感到坚固和质朴;正圆形中心明确,具有向心或离心作用;椭圆形由于有两个中心,故具有一定的方向性等。正圆形、正方形属于中性形状,因此当需要设计一种个性鲜明的环境时,采用非中性形状可能更合适。

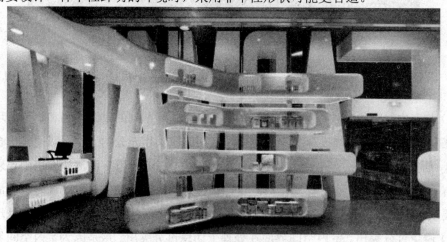

图3-2　某药店的独特造型设计

形体在室内空间界面上出现较多。例如,墙面上的漏窗、景窗、挂画、壁画等采用什么样的轮廓;地面上的水池、花坛等采用什么样的轮廓,都涉及形与形之间的关系,以及形状的特征与性格。这里的体可以从两个方面来理解:一方面是墙面、地面、顶棚围成的空间;另一方面是墙面、地面、顶棚的表面显示出来的凹凸和起伏。前者是空间的体形,如人民大会堂墙壁与顶棚没有明显的界限,相接自然,形成一个浑然一体的形;后者主要是指大的凹凸和起伏,如藻井式吊顶、下垂的筒灯等。

设计中的线、面、形,要统一考虑其综合效果。面与面相交所形成的交线,可能是直线、折线,也可能是曲线,这与相交的两个面的形状有关。

（二）质感

质感是材质给人的感觉与印象,是材质经过视觉和触觉处理后而产生的心理现象。建筑装饰材料可分为天然材料与人工材料、硬质材料与软质材料、精致材料与粗犷材料等。材质是材料本身的结构与组织。质感有自然质感和人工质感两大类。未经人工加工的天然材料如石头、竹子、树皮、毛皮等的质感是自然的,因此称为自然质感;人工材料如水磨石、砖、镜面玻璃等的质感则是人工的,因此称为人工质感。

质感与颜色相似，都能使人产生联想。例如，光滑、细腻的材料富有优美、雅致的情调，同时也可能给人一种冷漠感；金属表面可以使人联想到坚硬和寒冷；木、竹、藤、棉、麻、毛、皮革、丝织品可以使人感觉柔软、轻盈、温暖和亲切；全反射的镜面不锈钢可以使人感到精密、高科技；石材的质感是坚硬、沉重和峻挺。

在室内空间界面装饰设计中，应正确掌握材料的性格特征，并加以合理地选用。在选择材料性格特征的过程中，应注意把握好以下几点。

（1）要使材料性格与空间性格相吻合。室内空间的性格决定了空间的氛围，空间氛围的构成则与材料性格紧密相关。在材料选用时，应注意使其性格与空间氛围相配合。例如，严肃性空间可以采用质地坚硬的花岗岩、大理石等石材；活跃性空间可以采用光滑、明亮的金属材料和玻璃；休息性空间可以采用木材、织物、壁纸等舒适、温暖、柔软的材料。

（2）要充分展示材料自身的内在美。天然材料具备许多人为无法摹造的美的要素，如花纹、图案、纹理、色彩等。在选用这些材料时，应注意识别和发现，并充分地展示其内在美，如石材中的花岗石、大理石，木材中的水曲柳、柚木、红木等。若在具有美丽木纹的木料上做有色油漆处理，则是一种极大的资源浪费。在材料的选用上，并不意味着高档、高价便能出现好的效果；相反，只要充分展示好每种材料自身的内在美，即使花较少的费用，同样也可以获得较好的效果。

（3）要注意材料质感与距离、面积的关系。同种材料，当距离远近或面积大小不同时，给人的质感往往是不同的。例如，毛石墙面近观很粗糙，远看则显得较平滑；光洁度好的表面的材质越近感受越强，越远感受越弱；光亮的金属材料，如合金铝板、镀铬钢板等，用于面积较小的地方，尤其在作为镶边材料时，能够显得特别光彩夺目，但当大面积应用时，就容易给人以凹凸不平的感觉。在设计中，应充分把握这些特点，并在大小尺度不同的空间中巧妙地运用。

（4）注意与使用要求的统一。对不同要求的使用空间，必须采用与之相适应的材料。例如，有隔声、吸声、防潮、防火、防尘、光照等不同要求的房间，应选用不同材质、不同性能的材料；对同一空间的墙面、地面和顶棚，应根据耐磨性、耐污性、光照柔和程度等方面的不同要求而选用合适的材料。

（5）注意用材的经济性。选用材料必须考虑其经济性，且应以低价高效为目标。即使是高档的空间，也应注意不同档次用材的配合，如果全部采用高档材料，就会使人有堆砌、浮华之感。

（三）图案

墙面、地面和顶棚有形有色，这些形与色在很多情况下，又表现为各式各样的图案。室内环境能否统一协调、富于变化而又不混乱，都与图案的设计密切相关。色彩、质感基本相同的装饰，可以借助不同的图案使其富有变化；色彩、质感差别较大的装饰，可以借相同的图案使其相互协调。

装饰的图案还可以用来烘托室内氛围,甚至表述某种思想和主题。图案的动感、静感,都有不可忽视的表现力。抽象的几何图案,可以使行政办公用房更明快;动植物图案,可以使儿童用房显得更活泼;作为装饰重点的图案,可以成为视线的焦点;富有动感的图案,则可能引导人的视线由空间的一隅转移到另一隅,或由某一空间转移到另一空间。此外,运用图案还可以改善空间感。

1. 图案的作用

图案的作用主要表现在改变空间效果和表现特定的氛围两个方面。图案可以通过自身的明暗、大小和色彩来改变空间效果。一般来讲,色彩鲜明的大花图案,可以使界面向前提或使界面缩小;色彩淡雅的小花图案,可以使界面向后退或使界面扩展。从这一规律来看,顶棚偏低时,采用五颜六色的藻井不如采用淡色的装饰板;墙面、柱面较小时,不宜采用大花的图案。

图案可以利用人们的视错觉来改善界面的比例。一个正方形的墙面,用一组平行线装饰后,看起来可能像矩形;把相对的两个墙面全部这样处理后,平面为正方形的房间,看上去就会显得更深远。

图案的审美功能,首先表现为图案可以使空间具有静感或动感。纵横交错的直线组成的网格图案,会使空间富有稳定感;斜线、波浪线和其他方向性较强的图案,则会使空间富有运动感。其次,图案还能使空间环境具有某种氛围和趣味。例如,带有退晕效果的壁纸,可以给人以山峦起伏、波涛翻滚之感;平整的墙面贴上立体图案的壁纸,让人看上去会有凹凸不平之感。

带有具体图像和纹样的图案,可以使空间具有明显的个性,甚至可以具体地表现出某个主题,造成富有意境的空间。

2. 图案的选用

在选用图案时,应充分考虑空间的大小、形状、用途和性格,使装饰与空间的使用功能和美学功能相一致。动感明显的图案最好用在入口、走道、楼梯或其他氛围轻松的房间,而不宜用于卧室、客厅或者其他氛围闲适的房间;过分抽象和变形较大的动植物图案,只能用于成人使用的空间,不宜用于儿童用房。同一空间在选用图案时,宜少不宜多,通常不超过两个图案。如果选用三个或三个以上的图案,那么应强调突出其中一个主要图案,减弱其余图案;否则,过多的图案会给人造成视觉上的混乱。

三、室内空间界面的要求

室内空间界面的要求主要有以下几点。

（1）装饰性能。空间界面应保证一定的装饰效果，来满足人们的审美需求。界面饰面的材质、色彩、造型等，均对室内空间环境的氛围营造起到一定的积极作用。

（2）耐久性能。要求界面有一定的耐久性能，在一定的使用时间内保证装修效果，通常使用期限最少在五年。

（3）阻燃性能。界面材料的阻燃性能直接影响着室内的防火效果。在公共建筑室内界面装修中，应避免采用燃烧材料及遇火产生大量有害气体的材料，以保证使用者的人身安全。

（4）防潮（水）性能。有防潮、防水要求的室内空间界面，可以通过采用具有一定防潮、防水能力的饰面材料进行界面装修，来满足空间界面的防潮、防水要求。需做防潮、防水处理的界面通常是厨房、卫生间的墙、地面。外墙内侧及有水、汽房间两侧界面。

（5）装修构造合理、施工方便。空间界面材料与装修构造方案的选择应考虑装修构造的合理，以及装修施工的方便。

（6）声学、保温等物理性能。对于有特殊使用要求的室内空间界面，可以通过采用具有吸声、保温隔热、杀菌等功能的饰面材料，来满足室内空间的各种物理要求。

（7）环保。随着近年来生活水平的提高，人们愈来愈认识到环境质量的重要。某些装修材料中的有害物质对室内空气产生污染，也越来越引起人们的关注。

（8）造价合理。室内空间界面在满足使用、审美等要求的前提下，应该考虑界面材料价格是否合理的问题。由于各类界面面积较大，其造价在装修工程总造价中占有较大的比重，因此主要材料的合理造价就显得较为重要。

四、室内空间界面的功能特点

室内空间界面的功能特点主要有以下三方面。

（1）底界面（楼面、地面）——防滑、耐磨损、清洁、美观、防静电等。

（2）侧界面（墙面、柱面、隔断）——美观、隔声、吸声、防潮等。

（3）顶界面（顶棚、天花板）——美观、轻质、吸声、平整、光反射性能好。

五、室内空间界面材料的种类

材料是空间界面的物质基础。没有材料，空间界面设计的就难以在现实中实现。空间界面中的立体造型要依赖于材料来表现，材料的性能决定了立体构成的形态塑造。同时，材料的机理也是艺术表达中重要的组成部分。

现代科学技术的进步，使得材料的使用变得丰富和复杂起来。在现代造型艺术中，材料的使用已经没有明显的界限。选择材料之前首先要明确材料的分类。由于处理这些材料的使用目的和用途不同，分类的方法也不同，通常可将材料分为以下几类。

（1）点状材料。常见的点状材料如小碎玻璃、钢珠、米类、豆类、小石头、纽扣、图钉和瓶盖等。

（2）线状材料。常见的线状材料如主线、绳索、铁丝、纸条、金属丝、火柴、电线等。

（3）面状材料。常见的面状材料如纸板、木板、合成板、塑料片、玻璃、石膏板、金属板等。

（4）块料材料。常见的块料材料如黏土块、塑料块、泡沫塑料块、石块、木块、金属块、石膏块等。

（5）结合材料。常见的结合材料如乳胶、糨糊、万能胶、胶带、钉子、螺丝、夹子等。

在现实生活中可利用的材料种类还有许多，至于如何选择与应用，主要取决于哪种材料更有助于创意，更能体现设计思想。

六、室内空间界面材料的选用

（一）自然材料的选择与应用

自然材料主要包括木材、石材、黏土等，给人以质朴、亲切、温馨、舒适的感觉，有极强的亲和力。

（1）木材。木材作为一种天然材料，具有其他材料无可比拟的诸多优点。它轻盈、强度高、刚性好，便于加工成型，有美丽的纹理。

木材一般分木方和板材两类。木方俗称木龙骨，在装修中常被用作棚、墙、柱等处的骨架，起着支撑外部造型面的作用。一般木龙骨多用红松和白松，因为这两种材质软而轻，易于加工，不易劈裂。另外一些硬材类（如水曲柳、黄菠萝、榛木等），虽易劈裂，但材质硬、质感强，多适合做表面的装饰和家具用材。天然板材在装修中使用不多，仅在部分家具的面饰或在高档室内装饰的部分墙面装饰中有所使用。

人造木质板材主要有胶合板、纤维板、刨花板、细木工板、薄木贴面板等。胶合板种类较多，既可用作基层板，又可用作装饰面板；纤维板、刨花板、细木工板主要用作基层板；薄木贴面板是将珍贵树种旋切、加工处理后制成的装饰面板，主要用作室内墙面、柱面、木门、家具等的饰面层。

（2）石材。目前市场上常见的石材主要分为天然石和人造石。天然石材是指从天然岩体中开采出来的，并经加工成块状或板状材料的总称。

大理石分天然大理石和人造大理石两类。天然大理石原料的加工过程通常为先将石料锯切成板材，再经粗磨、细磨、半精磨、精磨和抛光，加工成抛光板。板材的光泽度因材而异，硬度高的石材抛光效果好，光泽度高。大理石的一般技术指标为：表观密度 2 600 kg/m^3～2 800 kg/m^3，抗压强度 47 MPa～140 MPa，抗弯强度 7.8 MPa～16 MPa，吸水率小于 1%，耐用年限约为 50 年。由于大理石一般都含有杂质，而且碳酸钙在大气中受二氧化碳、硫化物、水汽的作用，容易风化和溶蚀，从而使表面很快失去光泽。所以，除少数杂质少且比较稳定、耐久的品种可以用于室外装饰外，一般不宜用于室外，多用于室内饰面，如墙面、柱面、地面、造型面、吧台或服务台立面和台面等。

花岗岩是一种天然石材，其主要的矿物成分为长石、石英、云母等。在我国，花岗岩岩体约占国土面积的 9%，尤其是东南地区，大面积裸露着各类花岗岩体，远景储量极大。据不完全统计，品种约达 300 多种。其具有构造致密、硬度大、耐磨、耐压、耐火及耐大气中的化学侵蚀、具有较强的装饰性等特点。花岗岩经研磨、抛光后，呈现出斑点状花纹，华丽而庄重，粗面花岗岩更具有凝重而粗犷的装饰性。

（3）泥石材料。泥石材料主要指形体塑造的辅助材料，如雕塑泥土、水泥、石膏粉、滑石粉，以及砖、瓦、砂、石等材料。这些材料除了本身的加工成型工艺性能之外，还可以与其他材料混合使用，使造型充分展现综合材料的表现力。

（二）人工材料的选择与应用

人工材料包括纸、金属、无机非金属、有机材料、复合材料等多种类型的功能性材料。

1. 纸材料

纸材料具有质地温和、价格低廉、易于加工、有丰富的表现力和可塑性、种类繁多、价格便宜、对加工工具要求简单等特点。纸材料有各种各样的，如写字纸、卡纸、瓦楞纸、牛皮纸、包装纸等。

在装饰设计中，纸是最简便最基本的材料，也是使用机会最多的材料。用纸材料做立体造型加工方便、快捷。通常的加工方法是折叠、弯曲、切割、接合。

2. 金属材料

金属装饰材料具有独特的光泽与颜色，作为建筑材料庄重华贵、经久耐用，优于其他建筑装饰材料。近年来，建筑装饰的金属材料发展很快，如铝合金材料、不锈钢、彩色钢板、铜材，以及其他金属制品，都用于不同档次的建筑装饰中。

金属材料可呈现出特有的光泽，是良好的导电体和导热体，具有不透明、可熔、通常可锻，而且延展性好等特点。金属材料因坚固耐久、品种丰富、加工技术多样、视觉质感丰富而被广泛使用。金属材料对各种加工工艺方法所表现出来的适应性称工艺性能。可以充分利用金属材料的工艺性能进行创作，把金属工艺性能和设计思想有机地结合在一起，从而创作出优秀的方案。

3. 塑料材料

塑料是以人工合成的或天然的高分子有机化合物（如合成树脂、天然树脂、纤维树脂或醚、沥青等）为主，添加必要的助剂与填料，在一定条件下塑化成形，并能在常温下保持其形状的有机合成材料。塑料装饰材料可分为塑料地板、塑料壁纸、塑料装饰板材等。

（1）塑料地板的材料组成比较简单，目前以石英砂填料居多，可分为块状和卷状两种。块状塑料地板可拼成各种不同的图案，塑料地板具有质轻、耐磨、耐腐、可自熄、易清洁等特点。

（2）塑料壁纸品种繁多，具有良好的装饰效果，在耐燃、隔热、吸声、防霉等方面性能优越，而且施工方便、易保养，应用极为广泛。

（3）塑料装饰板材主要有硬质 PVC 板、塑料贴面板、玻璃钢装饰板和铝塑复合板等，主要用作护墙板、屋面板、吊顶板。硬质 PVC 板主要用于隔墙、吊顶的罩面板或内墙护墙板等；塑料贴面板适用于门、墙、家具等的贴面装饰。

塑料是典型的现代工业材料。塑料的种类很多，不同的塑料其物理特性也不一样，有的硬度大，有的黏结性好，有的柔韧性好，有的可塑性好。塑料材料是很有发展前景的构成材料之一。目前使用较多的是泡沫塑料板和 PVC 管。

4. 玻璃材料

随着建筑的发展需要，玻璃制品由过去单纯的采光材料，逐步向控制光线、调节热量、控制噪声、降低建筑物自重、装饰内外环境等多功能的方向发展。

玻璃按其使用不同可分为普通玻璃、特种玻璃和装饰玻璃三类。

（1）普通玻璃。普通玻璃包括普通窗玻璃、磨光玻璃、磨砂玻璃、浮法玻璃、蓝灰色浮法玻璃、钢化玻璃等。

（2）特种玻璃。特种玻璃包括夹丝玻璃、夹层玻璃、吸热玻璃、热反射玻璃、中空玻璃、高性能中空玻璃、光致变色玻璃、电热玻璃、泡沫玻璃、热弯玻璃等。

（3）装饰玻璃。装饰玻璃包括压花玻璃、喷花玻璃、有色玻璃、晶质玻璃、镭射玻璃、彩绘玻璃、雕刻玻璃、镶嵌玻璃等。

现今的玻璃已不仅仅作为透光的材料，而且有隔热、隔声、保温等多种性能，加上玻璃可以进行再次加工，如刻花、磨砂、着色等，使其功能更多样，视觉感受更独特。建筑装饰玻璃广泛用于室内空间的墙壁、隔断、柱面、顶棚等处，具有独特的装饰效果。

玻璃透明光滑，坚硬脆弱，难加工，有较强的耐热、抗腐蚀性能。用玻璃材料构成的空间有着无限扩展的视觉感，是体现开放性的理想材料。经常使用的玻璃材料主要有普通玻璃、毛玻璃、成型玻璃、镜面玻璃等。设计者可以选用不同种类的玻璃进行创作，利用不同玻璃的特性达到不同的表现效果。

5. 布、绳材料

布、绳材料属于软性材质，可以构成千变万化的"软雕塑"造型。表现手段有折叠、镂空、包缠、剪切、抽纱、编织、系结、缠绕等。通过这些不同的手段，可以呈现出 2.5 维的立体浮雕感和三维立体的装饰造型。

6. 涂料

涂料涂敷于物体表面，能干结成膜，具有防护、装饰、防锈、防腐、防水或其他特殊功能。建筑涂料品种繁多，包括有机水性涂料、溶剂型涂料和无机涂料。

7. 石膏制品

石膏是一种气硬性胶凝材料，在建筑装饰方面应用比较广泛。用石膏可生产出多种系列的石膏制品，这些产品具有质量轻、凝结快、耐火隔声、品种丰富、价格低廉等优点。石膏制品洁白、高雅，表面可形成各种复杂图案、花纹和造型，质感细腻，是一种常用不衰的室内装饰材料。石膏还可做成花饰、线条等。石膏制品可锯、可钉、可刨。石膏板主要用于建筑物室内墙面和顶棚吊顶装饰。

七、室内空间界面材料的要求

室内装饰材料的选用，是界面设计中关系到设计成果的实质性的重要环节，会直接影响室内空间设计整体的实用性、经济性、环境氛围和美观程度。设计者应当熟悉各种装饰材料的质地、性能特点，了解装饰材料的价格和施工操作工艺要求，精于运用当今先进的物质技术手段，为实现设计构思创造坚实的基础。

（1）适合室内使用空间的功能性质。对于不同功能性质的室内空间，需要由相应类别的界面装饰材料来烘托室内的环境氛围，例如文教、办公建筑的宁静、严肃，娱乐场所的欢乐、热烈都与所选材料的色彩、质地、光泽、纹理等密切相关。

（2）适合建筑装饰的相应部位。不同的建筑部位，相应的对装饰材料的物理、化学性能、观感等的要求也各有不同，因而需要选用不同的装饰材料。

（3）符合更新、更时尚发展的需要。由于现代室内设计具有动态发展的特点，设计装修后的室内环境，通常并非是"一劳永逸"的，而是需要更新，讲究时尚的。原有的装饰材料需要由无污染、质地和性能更好、更为新颖美观的装饰材料来取代。

第二节　各界面的设计

室内界面包含围合成室内空间的顶面（平顶、天棚）、侧面（墙面、隔断）和底面（楼、地面）几部分。

一、顶棚装饰设计

空间的顶界面最能反映空间的形状和关系。通过对空间顶界面的处理，可以使空间关系明确，达到建立秩序，克服凌乱无序，分清主从，突出重点和中心的目的。

（一）顶棚装饰设计的作用

顶棚是室内空间的顶界面，是室内空间设计中的遮盖部件。作为室内空间的一部分，其使用功能和艺术形态越来越受到人们的重视，对室内空间形象的创造有着重要的意义。

通常，顶棚装饰设计的作用主要有以下几个。

（1）遮盖各种通风、照明、空调线路和管道。

（2）为灯具、标牌等提供一个开载实体。

（3）创造特定的使用空间氛围和意境。

（4）起到吸声、隔热、通风的作用。

（二）影响顶棚使用功能的因素

通常，影响顶棚使用功能的因素主要有以下几个。

（1）顶棚作为室内空间的功能界面。表面的造型设计和材料的质感都会影响到空间的使用效果。当顶棚平滑时，它能成为光线和声音有效的反射面。若光线自下面或侧面射来，顶棚本身就会成为一个开阔、柔和的照明表面。它的设计形状和质地不同，影响着房间的音质效果。在大多数情况下，如大量采用光滑的装饰材料，就会引起声音的多次反射而造成室内的混响时间过长，使室内的音响效果显得过于嘈杂。因而在公共场合，必须采用具有吸声效果的顶棚装饰材料，或将顶棚倾斜或使用更多的块面板材进行折面的造型处理，以增加吸音表面。

（2）顶棚的高度对于空间的尺度也有重要影响。较高的顶棚能产生庄重、冷峻的氛围，在整体规划设计时应给予足够的考虑，可以高悬一些豪华的灯具和装饰物来增加亲切感。低顶棚设计能给人一种亲切感，但过于低矮则会使人感到压抑。低顶棚一般多用于走廊和小的过廊。在室内整体空间中，通过内外局部空间高低的变换，有助于虚拟地限定空间边界，划分使用范围，强化室内装饰的氛围。

（3）灯光控制。灯光控制有助于营造氛围和增加层次感，所以在设计顶棚时，灯光和顶棚的造型设计相结合更能增加顶棚的装饰效果。现代设计者往往较偏重于西方后现代派的简约主义手法，即采用简练、单纯、抽象、明快的处理手法，不但能达到顶棚本身要求的照明功能，而且还能展现出室内的整体美感。

此外，随着装饰设计和施工水平的提高，室内设计越来越强调构思新颖、独特，注重历史文化含量，树立以人为本的设计思想，重视室内装饰新材料、新技术的使用。

（三）顶棚装饰设计的要求

一般来说，顶棚装饰设计的要求主要有以下几方面。

（1）统一。在顶棚装饰设计中，一定要注意整体效果。要有主从，有重点，绝不要堆砌过多的繁琐装饰和豪华装饰材料，令人眼花缭乱不得要领。应力求简洁、生动、完整，突出空间的主要内容，达到协调统一。

（2）轻快。在顶棚装饰设计中首先要注意造型的轻快感，这是因为它同人们的视觉心理作用有直接的关系。人们习惯上为天，下为地，天要轻，地要重，否则就会使人产生"泰山压顶"的压抑感。因此在进行顶棚设计时，无论在形式、色彩、质地和明度处理上都要充分考虑上轻下重的原则。

（3）舒适。在顶棚装饰设计过程中，还要考虑对于在其中活动的人的生理上的要求，要使人感到舒适和惬意。对于装饰材料的选择要精心推敲，如过多地使用硬质材料就会影响到室内的声场效果，造成声场的混乱；如反光材料过多就会产生眩光现象等。

（四）顶棚装饰的一般形式

通常，顶棚装饰的一般形式主要有以下几种。

1．平滑式

这种类型顶棚的特点是顶棚成整片的平面、斜面或曲面，并在其表面上装置各式照明灯具和风口等（见图3-3）。这类顶棚构造简单，装饰便利，外观朴素大方，造价低廉。适用于大面积和普通室内空间的装修，如休息室、办公室、展览室、教室和商店等。

图 3-3 平滑式顶棚

2．凹凸式

这种形式通常称为立体顶棚，就是顶棚表面有不同级数的进退关系，有单层或多层。这种顶棚形式造型华美富丽，适用于舞厅、餐厅等装饰，经常与各种形式的吊灯和槽等相配合。这类装饰应注意各层的主从关系和秩序性，避免变化过多和材料过杂，力求整体关系和谐统一。图 3-4 为某别墅内顶棚，圆形的顶面设计搭配几何图案的凹凸式设计营造了一个磅礴大气的空间氛围。

图 3-4　某别墅凹凸式顶棚设计

3. 悬挂式

　　根据室内空间声学设计和照明等方面的要求，预先在顶棚结构中埋好金属杆，然后将各类平板、曲板或折板作为吸音面和反射面吊挂在天顶棚上，可作出不同的形状，如折板型、浮云型、船型等。或只从艺术角度考虑，用于重点局部空间。这种局部悬吊式的顶棚是现代派室内装修的一种常用形式，具有造型新颖、别致的特点，并能使得空间氛围轻松、活泼和欢快，如图 3-5 所示。

图 3-5　悬挂式顶棚

4．井格式

这是利用井字梁关系因形利导的一种设计方法。利用井字梁的格子来布置灯具和装饰，通常模仿我国古建筑中藻井天花的处理方法进行设计，具有极强的地方特色和浓郁的民族风格，多用于宴会厅、休息厅等（见图3-6）。

图3-6　井格式顶棚

5．玻璃顶

所谓玻璃顶，就是顶棚的主要饰面材料为玻璃。一种为发光顶棚，就是在面层内均布灯管，饰面层采用乳白玻璃或毛玻璃，造成一种均匀发光、有如白昼的感觉。另一种就是采光顶棚，通过透明玻璃将室外光线由顶棚引入，一方面可以给室内提供均匀的照度，另一方面可供给大型公共建筑内的绿化布置以充足的阳光。这种顶棚有时还可与各种彩色玻璃相结合，创造富丽而又清新的装饰效果（见图3-7）。

图3-7　彩绘玻璃顶棚

6. 结构式

利用屋顶本身的结构构件，结合灯具和顶部设备的局部处理，不作更多的附加装饰，以表现具有形式美感的结构构成形式为目的，其力度感和形式美的结合，往往给人以震撼的独特美感。如图 3-8 所示为广西球场钢结构顶棚。

图 3-8　广西球场钢结构顶棚

二、楼地面装饰设计

楼地面是楼层地面和底层地面（地坪）的总称，是建筑室内空间的一个重要部位，是人们日常生活、工作、学习时必须接触的部分，也是建筑中直接承受荷载，经常受到摩擦、清扫和冲洗的部分。楼地面在人的视线范围内所占的比例很大，对室内整体装饰设计起十分重要的作用。因而，楼地面装饰设计除了要符合人们使用上、功能上的要求外，还必须考虑人们在精神上的追求和享受，做到美观、舒适。

（一）楼地面装饰的作用

楼地面装饰的作用主要有以下几方面。

（1）保护楼板或地坪。楼地面的装饰层一般情况下不承担保护楼地面主体材料这一功能，但对于加气混凝土楼板，以及做法较为简单的首层地坪，则面层可起到耐磨、防磕碰等保护作用。

（2）保证使用条件。建筑物楼地面应满足的基本要求，是具有必要的强度、耐磨损、耐磕碰、表面平整光洁、便于清扫等。同时，楼面的防渗漏、地面的防潮也是最基本的要求。楼地面装饰材料的使用，在加强楼地面使用功能上起到了不可低估的作用。对于标准较高的建筑，还可满足以下功能要求：

① 隔声。这一要求包括隔绝空气声和隔绝撞击声两个方面。空气声的隔绝要受质量定理

的支配。当楼地面的质量比较大时，对空气声的隔绝效果较好，并有助于防止因发生共振现象而在低频时出现吻合效应等。对撞击声的隔绝，主要是采用弹性地面。当撞击声作用于弹性地面时，由于地面变形而使之转变为机械能，机械能再转变为热能，从而使传递过去的撞击声的声能大大减少，达到隔绝的目的。

② 吸声。一般在标准较高、使用人数较多的公共建筑中，对有效控制室内噪声，楼地面的装饰材料要考虑有一定的吸声功能。对于表面致密光滑、刚性较大的地面，如大理石、花岗岩地面，由于对声波的反射能力较强，基本上没有吸声能力，而各种软质地面做法如化纤地毯，平均吸声指数达到55%。

③ 保温隔热。这一要求，涉及材料的热传导性能及人的心理感受两个方面。从材料特性的角度考虑，大理石、花岗岩地面等都属于热传导性较高的材料，而木地板、塑料地板则属于热传导性较低的地面。从人的感受角度加以考虑，就是要注意人对某种材质效果的材料导热性能的经验认识。因此对地面保温性能的要求，要结合材料的导热性能、人的感受，以及人在这一空间的活动特性等多方面加以综合考虑。

④ 弹性。当人在一个刚性较大、几乎没有弹性的物体（如混凝土楼板）上行走时，脚就会给楼板一个作用力，根据作用力与反作用力的原理可知，此时楼板就会将作用于它上面的力全部反作用于施力的物体——脚上。与此相反，若踩在具有一定弹性的物体（如橡胶板）上，反作用力要小于原来所施加的力，则会给人一种松软舒适的脚感。另外，对于一些体育场馆、练功房，由于功能的需要，在装饰做法上也要求有较好的弹性。因此，在考虑楼地面装饰材料时，要注意其弹性是否符合使用要求。

（3）表现艺术效果。楼地面的装饰，是整个室内装饰效果的重要组成部分。设计时要结合空间的形态、家具陈设的布置、人的活动状况及心理感受、色彩环境、图案要求、质感效果和该建筑的使用性质等诸因素给予综合的考虑，使楼地面装饰既满足使用功能，又具有审美功能。

（二）楼地面的装饰类型效果

根据用材的不同，楼地面的装饰可分为木地面、大理石地面、花岗石地面、水磨石地面、地砖地面、马赛克地面、水泥地面、塑料地面、地毯地面等多种类型。不同材质的地面，分别具有不同的性能和效果，因此在设计中对其应有充分的认识并加以合理选用。

（1）木地面。木地面分普通条木地面、硬条木地面和拼花地面三种。它不仅具有良好的弹性、蓄热性和接触感，还具有不起灰、易清洗等特点。由于木材导热系数小，冬天能给人以温暖感，所以木地面常常用于住宅、宾馆、餐厅、舞台、体育馆等处。

（2）大理石地面。天然大理石与花岗石等天然石材一样，具有良好的抗压性和硬度、质地坚实、耐磨、耐久、自然、质朴、外观大方、稳重等特点。大理石地面花色丰富、色彩艳丽、美观耐看，因而是门厅、大厅、餐厅、会议厅地面的理想用材。碎拼大理石地面的视觉效果自由活泼，具有一定的田园气息和天然野趣。

（3）花岗石地面。花岗石质地坚硬，耐磨性极强。磨光花岗石光泽闪亮，美观华丽。花岗石地面常用于大厅、商场等公共场所，可以大大提高空间的装饰性和档次。

（4）水磨石地面。水磨石地面光洁、平整、耐磨、耐水、耐久、耐酸碱、不起灰、易清洁，可以做成不同的色彩和图案。它常常用于大厅、走廊、楼梯等公共场所或用水较多的厨房和卫生间。水磨石地面有现浇和预制两种做法。现浇水磨石地面整体性好，而且可嵌入铜条、玻璃条等，以加强图案效果；预制水磨石地面省工，制作劳动强度低，但是存在大量拼缝，有可能出现拼缝不齐、高低不平等情况，会影响到地面的美观，因此在要求高的室内地面较少采用。现浇水磨石地面又分现浇普通水磨石地面和现浇彩色水磨石地面两种。

（5）地砖地面。地砖的质地细密、强度较高、耐磨性好、耐酸碱、防水、易清洗、不起灰，可用于实验室、卫生间和厨房等处。其形状有方形、矩形和六角形等。地砖地面分上釉和不上釉两种。上釉的地砖光洁美观，花色多样，可用于装饰要求较高的房间如居室、客厅、餐厅地面和其他公共建筑地面。地砖地面的花色品种丰富，有单色的、仿花岗石的、仿大理石的、仿木材的，更多的是带有几何图案的。地砖面层分防滑和不防滑两种，防滑地砖多用于厨房、卫生间等处。

（6）马赛克地面。马赛克地面具有色泽明净、图案美观、质地坚硬、经久耐用、抗压强度高、耐水、耐酸、耐碱、耐污染、耐腐蚀、防滑、易清洗等特点，多用于工业建筑的洁净车间、工作间、化验室，以及民用建筑的门厅、走廊、餐厅、厨房、浴室、卫生间等处。它有方形、矩形、六角形等不同形状，花色繁多，可拼成各种图样。由于马赛克的块面较小，在大面积地面上容易产生杂、碎之感，所以使用时受到一定限制。

（7）水泥地面。水泥地面构造简单、坚固、能防水、造价低、经济实惠，常用于一般居室、走廊和对地面要求不高的建筑。在面层水泥浆内加入107胶及颜料，可使地面呈现不同的颜色而成为水泥107胶彩色地面，其表面光洁、不起尘。在要铺地毯的地面，可直接做成水泥地面而无须再做其他处理。

（8）塑料地面。塑料地面是用塑料地板块拼贴而成。塑料地板是由人造合成树脂加入适量填料、颜料与麻布复合而成。目前，国内塑料地板主要有两种产品：一种为聚氯乙烯块材（PVC）；另一种为氯化聚乙烯卷材（CPE）。后者的耐磨性、延伸率都优于前者。塑料地板不仅具有独特的装饰效果，而且具有脚感舒服、质地柔韧、不易沾灰、噪音小、耐磨、耐腐蚀、易清洗、绝缘性能好、便于更换、价格低廉等优点，但其不足之处就是不耐热、易污染，受锐器碰碰易损坏，常用于一般性民用住宅或普通办公用房。

（9）地毯地面。地毯是一种高级地面装饰材料。高档地毯具有吸音、隔声、蓄热系数大、防滑、质感柔软、行走舒适等诸多优点，而且色彩、图案丰富，其本身就是工艺品，能给人以华丽、高雅的感觉。一般地毯具有较好的装饰和实用效果，而且施工和更新方便。地毯广泛用于标准较高的室内地面装饰。

地毯的品种众多。根据材质的不同，地毯可分为纯毛地毯、混纺地毯、化纤地毯、塑料地毯、草编地毯、麻绒地毯和橡胶绒地毯等几种。

（10）电子计算机房夹层地板。电子计算机房夹层地板，是在水泥地面上再做夹层地板。夹层地板必须做防静电处理。夹层地板必须建立在稳固的刚性基层上。夹层地板的耐火最低要求为 1 小时。夹层地板的下部支架有拆装式和固定式两种。可拆装的夹层地板系统，便于电子计算机房的管道布置，便于各种机械装置的强制通风，便于电气通讯设备的装设。

此外，地面与墙面相交的地方要做踢脚板，目的是保护墙面的底部，同时使环境更美观。踢脚板的高度，一般为 100 mm～150 mm。一般来讲，踢脚板与地面采用相同的材料，少量踢脚板也可采用与地面不同的材料。踢脚板可以凸出墙面，也可以与墙面相平，还可以凹入墙面。

（三）楼地面的图案

由于室内人与地面的距离很近，地面除了材料与质感外，其图案和色彩还会较多地刺激人的视觉，能引起人直接的视觉反映。因此，必须对楼地面的图案进行精心的研究和选用。楼地面的图案设计大致可分为以下三种类型。

（1）强调图案本身的独立完整性。这种类型多用于特殊的限定性空间。例如，会议室常采用内聚性的图案，用以显示会议的重要性，色彩要和会议空间相协调，取得安静、集中注意力的效果，同时质地要根据会议的重要性和参加者的级别而定。

（2）强调图案的连续性和韵律感。这种类型具有一定的导向性和规律性，常用于走道、门厅、商业空间等处，只是色彩和质地要根据空间的性质、用途而定。太古广场中庭的弧形图案对人流起到了引导和提示作用

（3）强调图案的抽象性和自由多变。这种类型用于不规则或灵活自由的空间，能给人以轻松自在的感觉，色彩和质地的选择也较灵活。

三、墙面装饰设计

墙面是室内空间界面的竖直方向的面。在人的视觉范围内，室内墙面和人的视线垂直面处于最明显的位置，同时也是人眼经常接触的部位。因此，墙面装饰对室内空间效果的影响很大。

墙面装饰功能主要表现为三个方面：一是为了保护墙体，如厨房、卫生间用瓷砖贴面，可以防潮；二是为室内各种使用功能提供条件，有的墙面需要明亮光洁，有的需要防火，有的需要隔热保温；三是为美化室内环境，渲染室内氛围，达到一定的艺术效果。如图 3-10 所示为某餐厅背景墙。

图 3-10　某餐厅背景墙

（一）墙面设计原则

墙面设计的原则主要包括以下几方面。

（1）真实性。在进行室内设计时，常有造假墙假柱的情况，为了达到某种特定室内空间氛围的要求，这是允许的。但是，应该尽量考虑到建筑的统一风格，以及建筑构件和空间的真实性，在此基础上创造出不同的室内空间效果来。

（2）耐久性。墙体经常与人接触，使用寿命相对短些，耐久性要求与其他部分材料相比，稍高一些，但是并非越耐久越好。因为所有材料的老化程度基本相同或相近，便于重新进行装饰翻新。

（3）物理性。墙体在室内空间中面积较大、地位重要，它对室内空间环境所起的作用较显著，要求也较高。根据使用空间性质不同，室内的隔声、保暖、防火、防潮等要求也不尽相同。如会议室空间对这几方面要求较高；而一般单位食堂要求则可以低一些。

（4）艺术性。墙面面积大，与人体接近，所以其装饰效果也较显著，对渲染美化室内环境起着非常重要的作用。墙面的质感、色彩，以及形状、比例等与室内氛围关系密切。有时墙上还装饰有笔画、浮雕、挂毯等，可以感染人的情绪，强调室内空间的主题，增强文化气息。

（二）墙面装饰形式

在室内设计中，墙面装饰形式是最为复杂的形式之一，仅次于顶棚。装饰形式要服从室内总体设计，以下对几种装饰形式作一一简介。

（1）抹灰类。包括墙面的拉毛和喷涂。常用做法是在底灰上抹纸筋灰、麻刀灰或石膏，根据具体情况喷、刷石灰浆或大白浆。喷刷完的墙面光洁细腻，有时也做一些必要的线脚或图案。有些室内空间还采用拉条、拉毛，增强了墙面的立体感，同时优化了声学音效，这是一种最简单的常用装饰方法。

（2）涂刷类。室内使用的涂刷材料很多，主要有白灰、油漆、可赛银浆、乳胶漆等。这些材料施工方便，价格低廉，可以调配成多种理想的颜色，也可涂成多种纹理和图案。一般用于低档次的室内设计，但如果与高级材料搭配得当，施工精细，也具有很好的效果，在高级室内设计中完全可以局部使用。

（3）卷材类。卷材类材料已日益成为室内装饰的主要材料之一。如塑料墙纸、墙布、玻璃纤维布、人造革、皮革等。这些材料使用上比较灵活，使用寿命不如金属材料那么长，便于更新，而且更重要的是这些材料色彩丰富，可模仿多种质感，因而装饰效果也是十分丰富的。另外，它便于运输，施工简便，所以应用十分广泛。

① 涂塑墙纸。价格较低，花色品种多，有一定弹性，表面可以印花、压花，并可有仿木、仿石、仿砖、仿革等各种不同质感和肌理，效果十分逼真。有较强的装饰性和表现力。

② 玻璃纤维墙布。玻璃纤维墙布是将玻璃纤维织物经染色、印花等多种工艺制成的，图案、色彩可随意设计，品种繁多、坚韧结实、耐火、耐水冲洗，而且价格便宜。不足之处是质地较粗糙，覆盖性差，有时易出现毛边，而且一旦局部破损就会出现纤维的连续脱落现象。

③ 人造革与皮革贴面。由于它的质地、柔软、可消音，有立体感，常用于有一定防护消声要求的高级室内空间，如练习馆、电话间、健身房等。它能增强室内环境的舒适感。这种材料施工比较复杂，对墙体防潮要求很高，同时还需配合其他辅助装修材料。

④ 丝绒和锦缎。它们都是高档织品，雍容华贵，色彩富丽，而且质地柔软、细腻。但是价格较高，施工难度大，不易清洗，且对室内的湿度、清洁度有较高要求。所以这不是一种大面积推广使用的材料，通常用于宾馆客房、高级居室等。

（4）贴面类。贴面类主要有以下几种。

① 陶瓷饰砖（马赛克）。墙面光洁，色彩丰富多样，耐水、耐磨、防潮，便于冲洗。常用于厨房、卫生间的墙面装饰。有时有瓷砖和马赛克的拼画，可使墙面增强艺术性。

② 面砖。面砖有釉面砖和无釉面砖之分，表面可以是光滑的，也可以是凹凸不平或带有色彩图案的。面砖坚固耐久，其质感和色感具有较强的艺术表现效果。

③ 大理石、花岗岩等。表面光滑，质地坚硬，纹理自然清晰，美观大方，装饰墙面和立柱显得富丽高贵。常用于公共建筑门厅、休息厅、中庭等重要部位。

（5）贴板类。一般来说，贴板类主要包括以下几种。

① 石膏板。石膏板可压制成各种立体图案，可锯可切，可钻可钉，施工方便，而且具有防火、隔音等优点，可以增强墙面的立体感。

② 镜面玻璃。镜面玻璃表面平整，因而具有动感，与各种灯具结合，产生光怪陆离的效果。由于镜面效果，能在人的心理上产生扩大空间的作用。镜面玻璃还可以具有将实体墙面和柱子转化为虚体的效果。设置位置不同，还具有引导人流的作用。常用于商店、舞厅、宾

馆门厅等室内空间。

③ 金属板。金属板主要有铝板、铜板、钢板、不锈钢板、铝合金板凳等，不仅坚固耐用，美观新颖，还具有强烈的现代感。金属板材可以着色、压成多种图形或立体图案，具体做法有搪瓷、电镀、烤漆、喷涂、酸碱腐蚀等。适用于舞厅、餐厅、门厅等营业性空间。非亚光金属板具有镜面效果，易产生眩光，且价格昂贵，所以使用时要慎重，装饰面积不宜过大，以免扰乱空间秩序，造成混乱。

【本章小结】

本章主要介绍了室内空间界面装饰设计的原则与要点、室内空间界面及其装饰材料的选择、各界面的设计三部分内容。通过学习本章，读者可以了解室内空间界面装饰设计的原则；掌握室内空间界面装饰设计的要点；了解室内空间界面的要求和功能特点；熟悉室内空间界面材料的选择与应用；掌握建筑室内空间顶棚、墙面和楼地面的装饰设计。

【思考题】

1. 室内空间界面装饰设计的原则有哪些？
2. 室内空间界面有哪些共性要求？各界面有哪些功能特点？
3. 如何选用室内空间界面材料？
4. 在选择材料性格特征的过程中，应注意把握好哪几点？
5. 图案的作用有哪些？如何选用图案？
6. 影响顶棚使用功能的因素有哪些？
7. 楼地面装饰能起到那些作用？

第四章　建筑装饰色彩设计

【学习目标】

➤ 了解色彩的来源、分类和三要素
➤ 掌握色彩的分类和混合方法
➤ 了解材质、照明与色彩的关系
➤ 了解色彩的物理作用、心理作用和生理作用
➤ 了解色彩设计的基本原则
➤ 掌握色彩设计的步骤和方法
➤ 掌握室内各部分具体配色要求

第一节　色　彩

色彩是人们的生活中一种不可缺少的视觉感受。具有正常视觉功能的人所看见的一切事物，无不呈现着绚丽的色彩，色彩使宇宙万物显得生机勃勃。色彩作为一种最普遍的审美形式，存在于人们日常生活中的各个方面。在建筑装饰作品中，色彩担负着重要的使命。

一、色彩的来源

色彩是光作用于人的视觉神经系统所引起的一种感觉。有光必有色彩，正因为有了色彩，世界才显得绚丽多彩。光是一切物体颜色的唯一来源，没有光的作用，就没有物体的颜色可言。物体的颜色只有在光的照射下，才能被人们所识别。

光是一种电磁波能，又称光波。一般来说，光线照射到物体上，可以分解为三部分：一部分被吸收；一部分被反射；一部分透射到物体的另一侧。人们通常所看到物体的色彩，实际上就是物体反射光的颜色，而并非物体自身带有什么颜色。不同的物体有着不同的质地，它们在光照后对光的吸收、反射、透射情况也各不相同。正因为如此，世界才展现出多种多样、千变万化、丰富多彩的色彩。

通常，人们所感受到的颜色，主要取决于物体对光波的反射率和光源的光谱。现代色彩学将太阳作为标准发光体，并以此为基础来解释光色等现象。太阳发出的白光，是由多种颜

色的单色光组成的,这已被科学实验所证实。早在1666年,英国科学家牛顿就进行了著名的色散实验,他把一束平行的白光(日光)通过三棱镜分解后,成为鲜明的红、橙、黄、绿、青、蓝、紫七色,即七原色。后来,法国化学家祥夫鲁尔和斐尔德认为蓝色只不过是青与紫之间的一种色,主张把蓝色去掉,认为真正的原色只有红、橙、黄、绿、青、紫六种。因此,在色彩学上把红、橙、黄、绿、青、紫六种颜色作为标准色。

需要说明的是,我国的青色既有蓝色的意思,即天蓝或绿色的蓝,又有黑色、灰色的意思;而色彩学中的青色,不包括黑色或灰色。因此,色彩学中的青色在我国习惯上称为蓝色。正因为如此,本书把青色一律改为蓝色。

太阳发出的白光照射到物体上,被反射的光色就成了该物体的颜色,又称表面色。物体表面在白光的照射下呈现的颜色,取决于它所反射的每一种波长光的比例。例如,阳光照在白纸上,白纸仅吸收15%的光,85%的光被反射,所以白纸呈现白颜色;黑色表面的物体吸收96%~98%的光,只有2%~4%的光被反射,所以呈黑色。

物体的各种颜色是相对的。这是因为在自然界中,既无纯净的白,也无绝对的黑,物体对光的吸收与反射是相对的。

二、色彩的分类

在设计中往往按照色彩的面积和重点程度来分类,大致可以分为以下三大部分。

(1)主体色。主体色主要是大型家具和一些大型陈设所形成的大面积的色块。在建筑装饰色彩设计中较有分量,如沙发、衣柜、桌面和大型雕塑或装饰品等。

(2)背景色。背景色是建筑装饰中作为大面积的色彩,如地板、墙面、天花和大面积隔断等的颜色,对其他建筑装饰物件起衬托作用。背景色决定了整个房间的色彩基调。

(3)点缀色。点缀色往往作为建筑装饰重点进行装饰和点缀。它面积小,但作用大。在空间中非常醒目,如灯具、织物、艺术品和其他软装饰的颜色。点缀色常常选用与背景色形成对比的颜色,点缀色如果运用得当,可以创造戏剧化的效果。

主体色、背景色和点缀色三者之间的色彩关系绝不是孤立的、固定的,如果机械地理解和处理,必然千篇一律,变得单调。换句话说,既要有明确的层次关系和视觉中心,但又不刻板、僵化,才能达到丰富多彩的效果。

三、色彩的三要素

色相、明度和彩度是色彩的三种基本属性,通常又称为色彩的三要素或色彩的三属性。这三者同时存在于一个物体上,不可分割,是分析色彩的标准尺度。

(1)色相。色相是指色彩的相貌,也就是色彩的名字,就如同人的姓名一般,用来辨识不同的色彩。

（2）明度。明度是指色彩的明暗程度。光线强时，感觉比较亮；光线弱时，感觉比较暗。明度高是指色彩较明亮；明度低是指色彩较灰暗。

（3）彩度。彩度是指色彩的纯度。通常以同色名的纯色所占的比例来分辨彩度的高低。纯色比例高为彩度高，纯色比例低为彩度低。在色彩鲜艳状况下，通常很容易感觉高彩度，但有时不易作出正确的判断，因为容易受到明度的影响，譬如大家最容易误会的是，黑白灰是属于无彩度的，它们只有明度。

四、色彩的混合

色的混合是指在某一种色彩中混入另一种色彩，混合之后该色的色相、明度、纯度都会起变化。色彩混合分为加色法混合、减色法混合和中性混合。

（1）三原色。所谓三原色，就是指三色中的任何一色，都不能用另外两种原色混合产生，而其他色可由这三色按一定的比例混合出来，这三种独立的色称为三原色。

牛顿用三棱镜将白色阳光分解得到红、橙、黄、绿、青、蓝、紫七种色光，这七种色光的混合又得到白光，因此他认定这七种色光为原色。后来物理学家大卫·鲁伯特进一步发现染料原色只是红、黄、蓝三色，其他颜色都可以由这三种颜色混合而成。他的这种理论被法国染料学家席弗通过各种染料配合试验所证实。从此，这种三原色理论被人们所公认。1802年，生理学家汤麦斯·杨根据人眼的视觉生理特征提出了新的三原色理论。他认为色光的三原色并非红、黄、蓝，而是红、绿、紫。这种理论又被物理学家马克思韦尔证实。他通过物理试验，将红光和绿光混合，这时出现黄光，然后掺入一定比例的紫光，结果出现了白光。此后，人们才开始认识到色光和颜料的原色及其混合规律是有区别的。色光的三原色是红、绿、蓝（蓝光带有红，又称蓝紫色），颜料的三原色是红、黄（柠檬黄）、青（湖蓝）。色光混合变亮，称之为加色混合。颜料混合变暗，称之为减色混合。

（2）加色混合。利用两种或两种以上色光相混合，构成新的色光的方法称为加色混合法。

加色混合又称色光的混合，即将不同光源的辐射光投照到一起，合照出新色光，色光混合后所得混合色的亮度比参加混合的各色光的亮度都高，是各色光亮度的总和。例如，红＋绿＝黄，明度增加；绿＋紫＝蓝，明度增加；红和蓝可混成亮红，明度增加。如果把三个原色光混合在一起，变为白色光，白色光为最明亮的光。如果改变三原色的混合比例，还可得到其他不同的颜色。如红光与不同比例的绿光混合，可以得出橙、黄、黄绿等色；红光与不同比例的蓝紫光混合，可以得出品红、红紫、紫红、蓝；紫光与不同比例的绿光混合，可以得出绿蓝、青、青绿。如果蓝紫、绿、红三种光按不同比例混合，可以得出更多的颜色，一切颜色都可通过加色混合得出。由于加色混合是色光的混合，因此随着不同色光混合量的增加，色光的明度也逐渐加强，所以也叫加光混合。当全色光混合时则可趋于白色光，它较任何色光都明亮。

加色混合效果是由人的视觉器官来完成的，因此是一种视觉混合。彩色电视的色彩影像就是根据加色混合原理设计的，彩色影像被分解成红、绿、蓝紫三基色，并分别转变为电信号加以传送，最后在荧屏上重新由三基色混合成彩色影像管中的三原色光束组成色彩影像。加色混合法是颜色光的混合，颜色光的混合是在外界发生的，然后才作用到视觉器官。

（3）减色混合。利用颜料混合或颜色透明层叠合的方法获得新的色彩，称为减色法混合。

有色物体（包括颜料）之所以能显色，是由物体对色谱中色光选择吸收和反射所致。"吸收"的部分色光，也就是"减去"的部分色光。印染染料、颜料、印刷油墨等各色的混合或重叠，都属于减色混合。当两种以上的色料相混或重叠时，相当于从照在上面的白光中减去各种色料的吸收光，其剩余部分反射光的混合结果就是色料混合和重叠产生的颜色。色料混合种类愈多，白光中被减去的吸收光就愈多，相应的反射光量也愈少，最后将趋近于黑色。

在颜料混合中，混合后的颜色在明度与纯度上都发生了改变，色相也会发生变化，混合颜色的种类越多，混合的颜色就越灰暗。

过去习惯把大红、中黄、普蓝称为颜色的三原色，从色彩学上讲，这个概念是不确切的。理想的色料三原色应当是品红（明亮的玫红）、黄（柠黄）、青（湖蓝），因为品红、黄、青混色的范围要比大红、中黄、普蓝宽得多，用减色混合法可得出：

品红＋黄＝红（白光—绿光—蓝光）

青＋黄＝绿（白光—红光—蓝光）

青＋品红＝蓝（白光—红光—绿光）

品红＋青＋黄＝黑（白光—绿光—红光—蓝光）

根据减色混合的原理，品红、黄、青按不同的比例混合，从理论上讲可以混合出一切颜色。因此，品红、黄、青三原色在色彩学上称为一次色；两种不同的原色相混所得的色称为二次色，即间色；两种不同间色相混所得的色称为第三次色，也称复色。

（4）中性混合。中性混合又称平均混合，是色光映入人眼在视网膜信息传递过程中形成的色彩混合效果，介于加色混合与减色混合之间。它与色光的混合有相同之处，它的表达方式有旋转混合与空间混合两种。

① 旋转混合。旋转混合属于颜料的反射现象。在图形盘上，均匀涂上红绿线条并使之均匀旋转。由于混合的色彩快速、反复地刺激人视网膜的同一部位，从而得到视觉中的混合色。色盘旋转的实践证明：应用加色混合其明度提高，减色混合明度降低，被混合的各种色彩在明度上却是平均值，因此称为中性混合。

② 空间混合。空间混合是将两种或两种以上的颜色并置在一起，通过一定的空间距离，从而使颜色在视觉内达成的混合效果。例如，红色、蓝色点并置的画面经过一定的距离后，红色与蓝色变成了一个灰紫色。事实上，颜色本身并没有真正混合，这种所谓是在人的视觉内完成的，故也叫视觉调和。空间混合的特点是混合后的色彩有跳跃、颤动的效果，它与减

色混合相比，明度显得要高，色彩显得丰富，效果鲜亮，具有一种空间的流动感。空间混合的方法被法国的印象派画家修拉、西涅克所采用，开创了画面绚丽多彩的"点彩"画法。在现代生活中，电视屏幕的成像、彩色印刷等都是利用了色彩空间混合原理来实现的。

五、材质、照明与色彩的关系

在建筑空间中，色彩无法抽象而绝对的出现。它是附着在某种材质上呈现在人们的眼前。材质的不同，不仅仅在于它的花纹、肌理，以及触觉、感受、感受。材质表面的质感粗糙或光滑明显的影响色彩感受，这种现象叫视触觉。

（一）材质与色彩的关系

1. 视触觉的表现规律

视触觉的表现规律主要有冷与暖、粗糙与光滑、肌理。

（1）冷与暖。金属、玻璃、石材、镜面和水等给人以冰冷的质感；各种织物、毛皮则被人们认为是暖质材料；木材的特点比较中性，它比金属、玻璃等显得暖，比织物等显得冷。当大红出现在铁板上，橙色出现在石块上时，它们会立即引起人们的注意。当材料的冷质品质和色彩的暖质感受相矛盾时，会削弱色彩的暖性品质。同样，将冷色用在暖质材料上也会得到同样的削弱。

（2）粗糙与光滑。材质的表面有很多种处理方式，即使是同一种材质，如石材、抛光花岗岩表面光滑，色彩和纹理表现清晰；而麻面花岗岩表面则混沌不清。

物体表面的光滑度或粗糙度变化越大，对色彩的改变就越大。为更好地表现空间，应重视对不同材质的运用。即使是同一颜色，不同的材料、不同的加工工艺使色彩产生丰富微妙的变化，也会让细部更耐看。

（3）肌理。肌理是指材质自身的花纹、色彩和触觉形象。肌理所形成的触觉形象与真实的触觉感有所不同，它是一种由于花纹、图案形成的触觉联想，比如说在同样光滑度的复合地板上，如水曲柳和橡木纹理，即使涂上同样的色彩，水曲柳丰富的曲线、橡木平直的花纹对色彩也会产生不同的影响。

肌理致密、细腻的效果会使色彩较为鲜明、清晰；反之，肌理粗犷、疏松会使色彩暗淡、混浊。有时对肌理的不同处理也会影响色彩的表达。同样是木质的清漆工艺，色彩一样，光亮漆的色彩就要比亚光漆鲜艳、清晰。

2. 色彩与材质的关系

相同的色彩配置方案使用在不同的材质上，经过不同的表面处理后就会呈现出不同的效果。材质不同，色彩给予人们的感觉效果会完全不同，这正是空间设计中的色彩运用区别于其他设计的色彩运用之处。

同一材质的不同表面处理或不同材质表面，用相同的颜色进行施涂反映出的色彩效果大不相同，亮光面反映的色彩亮度较高，纯度也较高；亚光面上的色彩明显降低了亮度和纯度。同样，色彩也影响着材质，如金属漆的效果就能赋予材料金属的质感；金属配以冷色大多会有突兀的效果，透明或半透明塑料材质（比如玻璃或透明的 PC 材料）对色彩的影响很大。

（二）色彩与照明的关系

色彩与照明的关系主要表现在以下几方面。

（1）照明对室内环境色彩的调节有明显的效果。

（2）在照明色彩的运用过程中必须注意色彩的和谐统一，设计时首先设置一种基调色，其他各种色彩都要服从这一基调色。

（3）灵活地运用上述各种色彩，会对人的生理和心理产生不同的效果，有助于建筑空间色彩设计的科学化。

（4）光照对色彩的影响较大，当光源色改变时，物体色必然相应改变，进而改变其心理作用，具体光照时色彩的影响为。

① 强光照射下，色彩会变淡，明度提高，纯度降低。

② 弱光照射下，色彩变模糊，色彩的明度、纯度都会降低。

在装饰设计中，要综合考虑色彩与光照、质感之间的相互关系，并对其进行合理的协调。充分认识光照、材料质感对色彩视觉效果的影响，从空间环境的整体色彩关系出发，创造出既富于变化又协调、统一的色彩环境。

第二节　建筑装饰中色彩的设计

一、色彩在建筑装饰设计中的作用

在建筑装饰设计中，各种物质要素色彩是无法分离的。正确认识和理解色彩的作用，对于建筑装饰设计非常重要。

（一）色彩的物理作用

色彩的物理作用是指色彩通过与人的视觉系统所带来的物体物理性能上的一系列主观感觉的变化。例如，物体的冷暖、远近、大小、轻重等。

1．色彩的温度感

色彩的温度感是冷暖色形成的主要原因。人们长期在自然环境中生活，对各种客观现象都有一种本能的认识。太阳光照在身上很暖和，人们就感到凡是和阳光接近的色彩都会给人以温暖感，统称红、橙、黄为暖色；相反蓝天、白雪被视为冷色，凡白、蓝色成分多时，该色为冷色。

色彩的温度感与下列因素也有关系。

（1）与明度有关。明度越高越感凉爽，明度越低的暗色越感温暖。

（2）与彩度有关。在暖色系列中彩度越高越暖，在冷色系中彩度越高越凉爽。

（3）与物体表面光滑程度有关。光滑的物体给人以凉爽感，表面粗糙的物体给人以温暖感，如粗糙的木材表面。

色彩的冷暖是在对比中产生的，不是固定的。A色与B色相对比是暖色，但A色与C色相对比就有可能是冷色。因此只有对比才能真正显示出色彩的冷暖特性。

2．色彩的重量感

色彩的重量感是色彩带给人们的心理感受。色彩的重量感主要是由色彩的明度决定的，明度越高，显得越轻，如棉花、白云；明度越低显得越重，如石头、铁块。同明度同彩度的暖色较轻，而冷色较重。轻色给人以上浮感，重色给人以稳重感。因此室内空间的六个面一般从上到下的色序是由浅到深的顺序设计的，天花色彩较亮。地面色彩较重，这样就能给人以稳定感。但遇天花较高时，天花可使用略重的下沉性颜色，地板可使用较轻的上浮颜色，使高度获得适当调整。

为了减轻压迫感，在空间柱子、屋顶大梁的色彩处理，用浅色的居多。为了消除压迫感，比较低的房间天花应尽可能处理成浅色，而且颜色必须单纯。室内偏高时则可以采用较富有变化的色彩。

3．色彩的体量感

色彩的体量感表现为膨胀感和收缩感。色彩的膨胀感与色彩的明度有关，明度高的色彩膨胀感强。明度低的色彩收缩感强。色彩的膨胀与色彩的温度也有关系，一般说暖色显得膨胀感强，冷色显得收缩感强。

根据实验测得，色彩的膨胀范围是实际面积的4%。恰当地运用色彩的这种特性，可以改善空间效果。例如，小的空间可以用膨胀色来增加宽阔感，大的空间可以用收缩色减少空旷感。另外，一些体量过大过重的实体也可以用收缩色处理，以减少它的体量感。在着装时往往胖人喜欢穿重色，而瘦人则喜欢穿亮色，也就是这个道理。

4．色彩的距离感

根据人对色彩距离感受，可以把色彩分为前进色和后退色，这也与色彩的冷暖有关。暖色是前进色，冷色是后退色，色彩的前进后退的序列为：红＞黄≈橙＞紫＞绿＞青＞黑。

色彩的前进与后退还与色彩的明度有关，明度高的色彩具有前进感，明度低的色彩具有后退感。色彩的距离感与色彩的面积有关，同色彩面积大则距离近，面积小则距离远。

利用色彩的距离感可以改变空间形态的比例，其效果非常显著。室内空间过于宽广松散时，可以采用具有前进的暖色处理四壁，使室内空间获得紧凑的效果。室内空间窄小拥挤，则应采用后退的冷色处理空间，使室内空间感觉扩大。

（二）色彩的心理作用

色彩的心理作用是指由色彩的客观属性刺激人的知觉而产生的各种心理状态。生理心理学表明，感受器官能把物理刺激能量（如压力、光、声和化学物质）转化为神经冲动，神经冲动传达到脑而产生感觉和知觉。而人的心理过程，如对先前经验的记忆、思想、情绪和注意力集中等，都是脑较高级部位以一定方式所具有的机能,它们表现了神经冲动的实际活动。色彩的辨别力、主观感知力和象征力是色彩心理学上的三个重要问题。色彩美学主要表现在三个方面，即印象（视觉上）、表现（情感上）和结构（象征上）。例如，当认识主体置身于一个无彩色的高明度环境里，心理上就会产生一种空旷和无方向的感觉。若在环境中适当进行一定的色彩处理，情况会大不一样，因为环境中有了吸引视觉的对象，就有了视觉中心。

色彩的心理作用主要可表现为直接心理作用和间接心理作用。

1．色彩的直接心理作用

色彩的直接心理作用是指色彩的物理光刺激对人的心理所产生的直接影响。心理学家对此曾做过许多实验。他们发现，在红色环境中，人的脉搏会加快，血压有所升高，情绪兴奋易冲动。而处在蓝色环境中，脉搏会减缓，情绪也较沉静。还有的科学家发现，颜色能影响脑电波，脑电波对红色的反应是警觉，对蓝色的反应是放松。

（1）红色。红色是最易引人注目的色彩，具有强烈的感染力，视觉刺激非常强，而且红色明度适中，给人的感觉是有份量、饱满、充实。由于红色使人感觉温暖、活跃、热烈，所以红色往往象征热情、幸福、革命。红色视觉冲击力强，又容易使人联想到鲜血，所以在某种情况下红色又使人产生恐怖、残酷、强烈的欲望、血腥和骚动不安的感觉。又因为红色能见度较高，容易引起注意，所以常常警示色作为危险信号。红色在色彩搭配中常作为画面的主色，并且在配色中起着重要的调和对比作用，是使用频率最高的颜色。在美术设计中，红色被认为是容易获得成功的颜色、畅销的颜色。几乎在任何场合，红色都给人以强烈的视觉印象。

（2）橙色。橙色比红色明度高，是十分活泼的色彩，让人兴奋，并有富丽、辉煌、炙热的情感意味。橙色的波长在红与黄之间，具有红与黄之间的性质。其明度仅次于黄，强度仅次于红，是色彩中最响亮、最温暖的颜色，常使人联想到金色的秋天、丰硕的果实，因此是一种富足、快乐而幸福的色彩。橙色是火焰的主要颜色。

橙色作为黄和红的混合色，显得活泼、有光泽，具有明快的特色；橙色稍稍混入黑色或白色，会成为一种稳重、含蓄又明快的暖色。橙色中加入较多的白色会带有一种甜腻的味道，但混入较多的黑色后，就成为一种烧焦的颜色。橙色与蓝色的搭配，可构成最明亮、最欢快的色彩。

（3）黄色。黄色的波长适中，是所有色相中最能发光、发亮的色彩，给人以轻快、透明、充满希望的感觉。黄色灿烂、辉煌，有着太阳般的光辉，因此象征着照亮黑暗的智慧之光；黄色有着金色的光芒，因此又象征着财富和权利，它是骄傲的色彩。黄色与其他色彩对比时，会呈现出不同的情感倾向。当黄色与紫色结合时，便会形成色彩中最强烈的明暗对比；当白色和黄色组合时，白色便会使黄色失去明亮感，变得暗淡无光；在红色背景上的黄色显得热闹、喜庆；在黑色陪衬下的黄色尽现它积极、明亮、强劲的性格特征；蓝色背景上的黄色感觉明亮、温暖，但由于对比过于强烈，偶尔也会显得生硬。总之，黄色是以其色相、纯度和明度高，视觉温暖和可视性强为特征。

（4）绿色。绿色观感舒适、温和，常令人联想起葱翠的森林、平坦的草地，是大自然给予人类的恩赐。绿色象征蓬勃丰饶、欣欣向荣，宁静又不具半点扩张性，使人对绿色有了安详、希望、优美的印象。

绿色可以体现清爽、健康、生长、新鲜、希望的意象，同时又体现餐饮业、卫生保健等行业的理念。在工业安全用色规定中，绿色是安全、救援的指定色。一些医疗机构或场所，就常选用绿色来规划空间的色彩。

（5）蓝色。蓝色是具有时尚现代感的颜色。蓝色象征宇宙、天空和大海，是博大、宁静的色彩。纯净的蓝色容易产生清澈、空灵、超脱的感觉。被混浊了的蓝色易引起暗淡、低沉、郁闷和神秘的感觉。与某些冷色相配合又易产生陌生、空寂和孤独感。蓝色是天空的色彩，象征和平、安静、纯洁与理智，另一方面又有消极、冷淡、保守等意味。蓝色与红、黄等色运用得当，能构成和谐的对比调和关系。无论深蓝色还是淡蓝色，都会使人联想到无垠的宇宙，因此蓝色是永恒的象征。蓝色是最冷的色，使人联想到冰川上的蓝色投影。但蓝色在纯净的情况下并不代表感情上的冷漠，它只不过表现出一种平静、理智与纯净。

（6）紫色。紫色是波长最短的可见光。约翰内斯·伊顿对紫色做过这样的描述：紫色是非知觉的色，神秘，给人印象深刻，有时给人以压迫感，并且因对比的不同，时而富有威胁性，时而又富有鼓舞性。当紫色以色域形式出现时，便可能产生明显的恐怖感，在倾向于红色时更是如此。歌德说："这类色光投射到一个景色上，就暗示着世界末日的恐怖。"紫色的暗度使其成为一个拥有许多淡化层次的色。在紫色中加白，可产生出各种层次的淡紫色，变成了高雅、沉着的色彩。淡紫色温和、柔美，是女性色彩的代表，因此不同层次的淡紫色都显得赏心悦目、柔美动人。

（7）白色。白色是明度最高的颜色，有明亮、纯洁的意象。这些意象常常被转换成抽象观念使用在文字中，被人们使用在日常生活用品上的并不多。中国传统用色观念与西方不同。

在中国，长寿老人逝世称"白事"，丧事也多用白色，由于白色直接与死亡相关，故成了一般人所忌讳的色彩。而在西方文化中，婚礼中的新娘穿的婚纱，象征着纯洁和幸福。因为白色有纯洁、虔诚、神圣的意象，因受基督教的影响而具有一定的宗教意义。随着东西方文化的交融，中国的年轻人正在接受着这一观念。在产品设计中，白色虽有高级、精致、科技等意象，但直接使用纯白色，也会给人以寒冷和不亲切的感觉，所以常在白色中稍加一点其他色彩，以增强色彩的感染力。

（8）黑色。黑色为无色相、无纯度之色，往往给人以沉静、神秘、严肃、庄重、含蓄之感。另外，黑色也易让人产生悲哀、恐怖、不祥、沉默、消亡、罪恶等消极印象。黑色的组合适应性极广，无论什么色彩与之相配都能取得赏心悦目的良好效果。黑色不宜大面积使用，否则不仅其魅力大大减弱，还会让人产生压抑、阴沉的恐怖感。

2. 色彩的间接心理作用

色彩的间接心理效应是由人对客观事物的印象、经验、体验而产生的对色的联想，是色彩的直接心理效应派生出来的更为复杂的心理效应。色彩本身只是一种物理现象，但人们却能感受到色彩的情感，这是因为人们长期生活在一个色彩的世界中，积累了许多视觉经验，一旦视觉经验与外来色彩刺激发生一定的呼应时，就会在人的心理上产生某种情绪。

（1）色彩联想。当看到某种色彩时，常常把这种色彩和生活环境，或生活经验中有关的事物联想在一起，这种思维倾向称为色彩联想。色彩联想是通过经验、记忆或认知而取得的。如一般人见到红色，会想到血、火、消防车或红苹果；看到绿色可能会想到草木、蔬菜、水果等。这种色彩联想在很大程度上受个人的经验、知识等影响，也会因年龄、性别、性格、教育、环境、职业、时代与国民差异而有所不同。色彩的联想大致可分为抽象联想和具象联想两种方式。

① 抽象联想。色彩的抽象联想是指通过观看某色彩实体而能直接想象到某种富于哲理性或逻辑性概念的色彩心理联想方式，例如，看到白色联想到圣洁、高尚、纯真；看到黑色联想到肃穆、悲哀、死亡、恐怖；看到红色联想到热情、革命、危险、伤痛等。色彩抽象联想的本质是试图借助色彩所包含的丰富含义及符号化特征，或含蓄或直接地表达某些抽象或不容易用具象表达的概念或思想。人们对色彩的抽象联想程度会随着年龄、阅历而不断深化与拓展，通常未成年人富于直观、感性的色彩具象联想能力，如见到红色想起太阳、西红柿；而成年人多具备观念、理性的色彩抽象联想，如见到红色联想到生命、危险、革命等。有关色彩的抽象联想调查见表4-1。

表 4-1　色彩抽象联想调查表

年龄、性别　　抽象联想	青年（男）	青年（女）	老年（男）	老年（女）
白	清洁、神圣	洁白、纯洁	洁白、纯真	洁白、神秘
灰	忧郁、绝望	忧郁、阴森	荒废、平凡	沉默、死灰
黑	死亡、刚健	悲哀、坚实	生命、严肃	阴沉、冷淡
红	热情、革命	热情、危险	热烈、卑俗	热烈、幼稚
橙	焦躁、可怜	低级、温情	甘美、明朗	喜欢、华美
黄	明快、泼辣	明快、希望	光明、明亮	光明、明朗
绿	永远、新鲜	和平、理想	深远、和平	希望、公平
蓝	无限、理想	永恒、理智	冷淡、薄情	平静、悠久
紫	高贵、古典	优雅、高尚	古风、优美	高贵、消极

　　② 具象联想。色彩的具象联想是指由观看到的色彩直接想到客观存在并与之近似的某一具体物象颜色的色彩心理联想方式。例如，色彩颜料中的橙色、湖蓝色、玫瑰红等都是人们根据橘子、湖水、玫瑰花等具象形态的固有色的联想而命名的。再如白色会使人联想到白云、白雪、白糖；黑色会使人联想到夜晚、墨汁、煤；红色会使人联想到红旗、红花、鲜血、太阳；橙色则会使人联想到橘子、柿子、橙子等。有关色彩的具象联想调查见表 4-2。

表 4-2　色彩具象联想调查表

年龄、性别　　具象联想	小学生（男）	小学生（女）	青年（男）	青年（女）
白	雪、白纸	雪、白兔	雪、白云	雪、砂糖
灰	鼠、灰	鼠、云空	灰、混凝土	云天、冬天
黑	炭、液	毛发、碳	夜、洋伞	墨、套装
红	苹果、太阳	郁金香、洋服	红旗、血	口红、红鞋
橙	蜜柑、柿子	蜜柑、胡萝卜	橙汁、肉汁	蜜柑、砖
黄	香蕉、向日葵	菜花、蒲公英	月亮、鸡雏	柠檬、月亮
绿	树叶、山	草、矮草	树叶、蚊帐	草、毛衣
蓝	天空、海水	天空、水	海洋、天空	大海、湖水
紫	葡萄、紫菜	葡萄、桔梗	裙子、礼服	茄子、紫藤

　　（2）色彩象征。色彩象征是指使用特定的色彩来表现特定的内容。色彩象征来源于色彩的心理联想，象征是抽象情感和思想的具体化。象征性色彩具有强大的精神力量，能触发人们内心的色彩情感和色彩想象。象征性色彩能形象地反映和传达各种文化观念的精神实质，

具有很强的历史延续性和民族文化特征。由于地域、民族、历史、宗教、文化背景、社会阶层、政治信仰等方面的差异，不同的人群对色彩的喜好、理解也表现出很大的差异性。

（三）色彩的生理作用

色彩对人的生理作用是色彩对人的感官和肌体产生的影响，即不同的颜色可以刺激人的感官和肌体，产生不同生理反应。

1．色适应

色适应是指眼睛对色彩的适应过程。人从明处走到暗处，或从暗处走到明处，都要有一个适应过程，这个过程就叫明适应或暗适应。在阳光下看红纸、黑字，时间长了黑字就变成绿字了。这是因为视网膜高度兴奋，时间长了，红细胞疲劳处于抑制状态，红色的对比色绿色感受细胞开始工作。此时把视点转向黑字时，黑字就变成绿字了，这就是色适应的过程。

色适应应用到室内装饰设计，如果家具是暖色那么地毯最好是可以补偿休息的对比色，即用冷颜色来调节视神经，手术室里墙面与服装色设计成灰绿色就是这个道理。

2．色感应

色彩的生理效应还表现在对人肌体的影响。经研究表明，色彩对人的心率、脉搏、血压都有明显的生理效应。进而可以用色彩来调节情绪、节奏，甚至可以治病。

（1）红色。红色对神经系统刺激强，可以加快血液循环和加速脉搏的跳动。红色接触过多会使人感到身心受压、焦躁不安、易于疲劳，因此起居室、卧室、会议室等场所不应过多地使用红色。

（2）橙色。橙色可以诱发食欲，有助于钙的吸收，常用于餐厅等场所。但色彩纯度不宜过高，否则容易使就餐人员过度兴奋出现酗酒现象。

（3）黄色。黄色对神经系统和消化系统有刺激作用，这有助于增强人的逻辑思维能力和消化能力。大面积使用金黄色会出现不稳定感，不宜大量用于办公室及公共场所，一般用于警告、提示场所。如吊车颜色就是黑、黄相间，清洁工的衣服也是黄色的。

（4）绿色。绿色有助于镇静和消化，能促进人体自身调节，达到身心平衡，这对于好动者和身心受压者都极为有益。自然界中的绿色可以克服和消除晕眩、疲劳和消极情绪。

（5）蓝色。蓝色具有调整体内平衡的功能，可缓解紧张的情绪，缓解头痛、失眠等症状，使人感到平衡、宁静，多用于医院、教室、办公室等场所。

（6）紫色。紫色对运动神经和心脏有抑制作用，具有安全感。

二、色彩设计的原则

色彩设计应综合考虑功能、美观、空间等因素，并注意地理、气候、民族等特点。

（一）充分考虑功能要求

室内色彩主要应满足功能和精神要求，目的在于使人们感到舒适。在功能要求方面，首先应认真分析每一空间的使用性质，如儿童居室与起居室、老年人的居室与新婚夫妇的居室。由于使用对象不同或使用功能有明显区别，空间色彩的设计就必须有所区别。

由于色彩具有明显的生理作用和心理作用，能直接影响人们的生活、生产、工作和学习，因此在色彩设计时应首先考虑功能上的要求，力争体现与功能相适应的性格和特点。

考虑功能要求不能只从概念出发，对具体情况应作具体分析。首先，要分析空间的性质和用途，同时要处理好整个房间内的色彩关系。其次，要分析人们感知色彩的过程。如在办公室、卧室等处，人们置身于其中的时间较长，色彩应该稳定和淡雅些，以免过分刺激人们的视觉。有些空间，如机场候机室、车站候车室和餐厅、酒吧等，人们停留的时间较短，使用的色彩就应明快、艳丽些，以便给人留下较深的印象。最后，要注意适应生产、生活方式的改变。色彩设计应更加科学化、艺术化，在处理手法上应该显得更加轻松和亲切，给人以赏心悦目之感。

（二）符合构图法则

要充分发挥室内色彩的美化作用。色彩的配置必须符合形式美的原则，正确处理协调与对比、统一与变化、主景与背景、基调与点缀等各种关系。

1. 基调

色彩中的基调很像乐曲中的主旋律，在创造特定的氛围和意境中发挥主导的作用。基调外的其他色彩则起着丰富、润色、烘托、陪衬的作用。

室内色彩的基调是由画面最大、人们注视得最多的色块决定的。一般来说，地面、墙面、顶棚、大的窗帘、床单和台布的色彩等，都能构成室内色彩的基调。

色彩基调具有强烈的感染力。在十分丰富的色彩体系中要做到有主有从、有呼有应、有强有弱，主要是看能否把它们统一在一个基调之中。

形成色彩基调的因素很多。从明度上讲，可以形成明色调、灰色调和暗色调；从冷暖上讲，可以形成冷色调、温色调和暖色调；从色相上讲，可以形成黄色调、蓝色调、绿色调等。

暖色调容易形成欢乐、愉快的氛围。一般是以彩度较低的暖色做主调，以对比强烈的色彩作点缀，并常用黑、白、金、银等色作装饰。黑、白、金恰当地配置在一起，可以形成富丽堂皇的氛围；白、黄、红恰当地配置在一起，可以给人以光彩夺目的印象。

冷色调宁静而幽雅，也可以与黑、灰、白色相掺杂。

温色调以黄绿色为代表，这种色调充满生机。

灰色调常以米灰、青灰为代表，不强调对比，从容、沉着、安定而不俗，甚至有点超尘出世的感觉。

可以肯定，没有基调色彩，就没有倾向、没有性格，就会给人造成无序、混乱的感觉，色彩也就无法体现其意境和主题。

2. 统一与变化

基调是使色彩关系统一协调的关键。但是只有统一而无变化，仍然达不到美观耐看的目的。从整体上看，墙面、地面、顶棚等可以成为家具、陈设和人物的背景；从局部看，台布、沙发又可能成为插花、靠垫的背景。在进行色彩设计时，一定要弄清它们之间的关系，使所有色彩部件构成一个层次清楚、主次分明、彼此衬托的有机体。

一般大面积的色块不宜采用过分鲜艳的色彩，小面积的色块则宜适当提高明度和彩度。这样，才能获得较好的统一与变化的效果。

3. 稳定感与平衡感

上轻下重的色彩关系具有较好的稳定感。一般情况下，总是采用颜色较浅的顶棚和颜色较深的地面。采用深颜色的顶棚往往是为了达到某种特殊的效果。

色彩的重量感还直接影响到构图的平衡感，应在设计中加以注意，避免产生不稳、失重等现象。

4. 韵律感与节奏感

室内色彩的起伏变化要有规律性，形成韵律与节奏。为此，要恰当地处理门窗与墙、柱，窗帘与周围部件等的色彩关系。有规律地布置餐桌、沙发、灯具、音响设备；有规律地运用装饰书、画等，以获得良好的韵律和节奏感。

（三）利用室内色彩，改善空间效果

充分利用色彩的物理性能和色彩对人心理的影响，可在一定程度上改变空间尺度、比例、分隔、渗透空间，改善空间效果。例如，居室空间过高时，可用近感色，减弱空旷感，提高亲切感；墙面过大时，宜采用收缩色；柱子过细时，宜用浅色；柱子过粗时，宜用深色，减弱笨粗之感。

（四）注意民族、地区和气候条件

色彩的运用和审美是以多数人的感受所决定的，但受不同的地理环境和气候状况的影响，不同的民族与人种对色彩也有着不同的喜好。例如，汉族习惯将红色作为喜庆和吉祥的象征；藏族由于身处白雪皑皑的自然环境和受到宗教活动的影响，多以浓重的颜色和对比色装点服饰和建筑；意大利人和法国人喜欢明快的颜色，如黄色和橙色等；非洲人黑肤色者居多，服饰和建筑装饰多用黄色和白色；北欧人却钟情于木材的本色等。因此，在进行装饰色彩设计时，既要掌握一般规律，又要了解不同人种和民族的特殊习惯。

气候条件对色彩设计也有很大的影响。我国南方多用较淡或偏冷的色调，北方则多角偏暖的颜色。潮湿、多雨的地区，色彩明度可稍高；寒冷干燥的地区，色彩的明度可稍低。同一地区不同朝向的室内色彩，也应有区别。朝阳的房间，色彩可以偏冷；阴暗的房间，色彩则应暖一些。照明灯具也是影响室内色彩的重要因素。各式各样的灯具置于同一空间、同一陈设、不同光源的情况下，都会使室内色彩造成各种不同的心理感受。因此，在装饰设计中应充分考虑该因素。

三、色彩设计的方法

色彩设计的方法的具体方法如下。

（1）确定色调。确定色调之前，首先要了解建筑的室内功能，了解使用者的特殊要求。在此基础上，确定所要表达的室内氛围，如亲切、柔和、庄重、活泼、粗犷、自然、深沉、幼稚等。根据色彩心理和设计者的色彩体验具体确定色调。首先要确定的是明度基调，即高明度还是低明度或是中间明度。其次是冷暖的推敲，即冷色系调还是暖色系调抑或是中间系调。当这些问题考虑清楚了，就可以确定具体的色彩方案。

（2）具体设色。通常是先在草图上进行初步色彩方案设计。过程如下：①设计地面色彩。常采用低明度和低彩度色彩从中取得沉着、稳定的效果。它的颜色确定后，就可以作为整体色调参考的标准。②设计天棚色彩。一般说来天棚色彩宜高明度，以取得明朗、开阔的效果。与地面色彩形成对比关系。③设计墙面色彩。一般说来是采用天棚与地面之间的中间色彩，即灰色调，以取得良好的烘托室内环境氛围的效果。④设计家具色彩，它的色彩在明度和彩度上应和室内色彩相协调，在此基础上，可做些适当的对比。最后是设计室内陈设的色彩。由于室内陈设的织物、绘画、工艺品等小而精，它的色彩一般可以对比性强些，可采用高明度、高彩度、高纯度或低明度、高彩度、高纯度色彩，以起到画龙点睛的作用。

当这个程序完成之后，再从整体统一协调的角度对色彩方案进行调整和修改，然后确定下来。

四、色彩设计的步骤

在进行建筑装饰色彩设计时，应首先对设计对象进行充分的了解，根据设计对象的特点，运用相关色彩知识进行色彩设计，并注意色彩整体的统一与变化。最后还要进行适当的调整和修改，才能最终确定设计效果（表4-3）。

表 4-3　建筑装饰色彩设计步骤

序号	设计步骤	主要工作内容
1	前期准备	了解建筑的功能及使用者的要求
		绘制设计草图（透视图）
		准备各种材料样本及色彩图册等
2	进行初步设计	确定基调色和重点色
		确定部分配色（顺序：墙面→地面→天棚→家具→室内其他陈设）
		绘制色彩草图
3	调整与修改	分析与室内构造样式风格的协调性如何
		分析配色的协调性如何
		分析与色彩之外的属性的关系如何（如有无光泽、透明度、粗糙与细腻、底色花纹等）
		分析色彩效果是否正确利用（如温度感、距离感、重量感、体量感、色彩的性格、联想、感情效果、象征、偏爱等）
4	确定设计效果	绘制色彩效果图

五、室内各部分具体配色要求

室内各部分具体配色要求如下。

（1）天棚。天棚应采用高明度的色彩，给人以轻快、开敞的感觉，并且有利于室内的照明效果。在采用与墙面同一色系时，应高于墙面色的明度。

（2）墙面。墙面一般采用明亮的中间色，并根据房间的用途需要及方法确定色相、明度及用色的冷暖。如办公室可采用淡蓝色调；儿童卧室可采用粉红色调；北向的房间采用偏暖色调；南向的房间可采用偏冷色调。

（3）地面。地面色采用墙面色同色系，但其明度、纯度较低的色，以加强沉稳感，而且地面颜色深时较耐灰尘污渍，易清洗。另外，木本色地板也是常用的作法。

（4）家具。家具色作为室内主体色，应照顾到室内总的基调；另外，还应根据家具的功能，使用者的身份、爱好等确定。

（5）室内其他陈设。室内陈设作为室内色彩的点缀，尽管面积小，却起着重点和强调的作用。一般采用各种对比手法达到效果，如明度对比效果、色相对比效果、纯度对比效果等；而有时这种点缀色又可同室内色彩相呼应，形成丰富多彩的艺术效果。

【本章小结】

　　本章主要讲述了色彩、建筑装饰中色彩的设计两部分。通过本章学习，读者可以了解色彩的来源、分类及三要素；掌握色彩的分类和混合方法；了解材质、照明与色彩的关系；了解色彩的物理作用、心理作用和生理作用；了解色彩设计的基本原则；掌握色彩设计的步骤和方法；掌握室内各部分具体配色要求。

【思考题】

1．色彩如何分类？具体是什么？
2．简述色彩混合的方法。
3．材质和照明对色彩会构成什么影响？
4．色彩在建筑装饰设计中起到什么作用？
5．简述色彩设计要遵循的原则，以及色彩设计的方法。

第五章 建筑装饰照明设计

【学习目标】

➢ 了解建筑空间光环境的形式和光的类型

➢ 了解灯具的类型

➢ 掌握灯具配置的原则

➢ 了解室内照明设计的原则和要求

➢ 熟悉室内照明的种类

➢ 掌握室内照明设计的程序

➢ 了解建筑化照明的优点和形式

第一节 采光与照明

光照对人的视觉感受极为重要，没有光就看不到一切。就建筑空间环境设计而言，光照不仅能满足人的视觉功能的需要，还是美化环境必不可少的物质条件。光照可以构成空间，并能起到改变空间、美化空间的作用。它直接影响物体的视觉大小、形状、质感和色彩，甚至直接影响到空间环境的艺术效果。

一、建筑空间光环境

建筑空间光环境主要有自然采光和人工照明两种形式。

（1）自然采光。自然采光主要以太阳光为主要光源。自然采光不但节约能源，而且空间环境的视觉效果更具自然感、舒适感，在心理上能和自然更接近、协调，更能满足人们精神上的需求。根据采光口的位置、光源的方向，可将自然采光分为顶部采光和侧面采光。一般情况下，侧面光的进深不超过窗高的两倍。

（2）人工照明。人工照明是指为创造夜间建筑物内外不同场所的光照环境、补充白昼因时间、气候、地点不同造成的采光不足，以满足工作、学习和生活的需求而采取的认为照明措施。人工照明具有照明功能和装饰两方面的作用。

二、光的类型

光可分为直射光、反射光和漫射光三种类型。

（1）直射光是指光源直接照射到工作面上的光。直射光的照度高，电能消耗少。为了避免光线直射人眼产生眩光，通常需与灯罩相配合，把光集中照射到工作面上。

（2）反射光是利用光亮的镀银反射罩作定向照明，使光线受下部不透明或半透明的灯罩的阻挡，光线的全部或一部分反射到天棚和墙面，然后再向下反射到工作面。这类光线柔和，视觉舒适，不易产生眩光。

（3）漫射光是利用磨砂玻璃罩、乳白灯罩或特制的格栅，使光线形成多方向的漫射，或者是由直射反射光混合的光线。漫射光的光质柔和，且艺术效果颇佳。

三、照度、光色和亮度

（1）照度。光源在某一方向单位立体角内所发出的光通量叫做光源在该方向的发光强度（Luminous Intensity），单位为坎德拉（cd），被光照的某一面上其单位面积内所接收的光通量称为照度，其单位为勒克斯（lx）。

照度是决定被照物体明亮程度的间接指标。在一定范围内照度增加，可使人的视觉功能提高。合适的照度有利于保护视力和提高工作与学习效率。在确定被照环境所需照度大小时，必须考虑到被照物体的大小、尺寸，以及它与背景亮度的对比程度的大小，所以均匀、合理的照度是保证视觉的基本要求。

（2）亮度。发光物体在给定方向的单位、投影面积的发光强度称为光亮度，符号是 L，单位是 cd/m^2；从单位上可以看出光亮度与被照面的反射率有关。表 5-1 列出几种发光物体亮度近似值。

表 5-1　几种发光体亮度近似值

序号	发光体	亮度/（cd·m²）
1	满月月面	2.5×10^3
2	全阴天空	2×10^3
3	全晴天空	8×10^3
4	中午太阳圆面	1.6×10^9
5	荧光灯管	8.2×10^3
6	蜡烛火焰	1×10^4
7	白炽磨砂灯泡	5×10^4
8	白炽灯丝	2×10^6

亮度还表示人的视觉对物体明亮程度的直观感受。例如，在同样的照度下，白纸比黑纸

看起来更亮。亮度还和周围环境有关，如同样的路灯，在白天几乎不被人注意，而在晚上就显得特别亮。因此在室内照明设计中，应当注意保证不同区域亮度的合理分布。影响亮度的评价因素有很多，如照度、表面特性、人的视觉、周围背景、对物体注视的持续时间长短等。

（3）光色。光色主要取决于光源的色温（K），还影响室内的氛围。色温低时，感觉温暖；色温高时，感觉凉爽。一般色温小于 3 300 K 为暖色，色温在 3 300～5 300 K 为中间色，色温大于 5 300 K 为冷色。光源的色温应与其照度相适应，即随着照度增加，色温也应该相应提高。否则，在低色温、高照度下，会使人感到酷热；而在高色温，低照度下，则会使人感到阴森的氛围。

设计者应联系光、目的物和空间彼此关系，去判断其相互影响。光的强度能影响人对色彩的感觉，就眼睛接受各种光色所引起的疲劳程度而言，蓝色和紫色最容易引起疲劳，红色与橙色次之，蓝绿色和灰青色视觉疲劳度最小。

设计者应有意识地去利用不同色光的灯具，调整使之创造出所希望的照明效果，如点光源的白炽灯与中间色的高亮度荧光灯相配合。

光源的光色一般以显色指数（Ra）表示，Ra 最大值为 100，一般自然光才有这么高的显色指数，$Ra>80$ 的人工光源显色性优良；Ra 为 79～50 的人工光源显色性一般；$Ra<50$ 的人工光源显色性差。

第二节　灯具的类型与配置

人工照明离不开灯具，而灯具又是照明的集中反映。它既具建筑功能，是创造视觉条件的工具之一，又是建筑装饰的一个部分，是照明技术与建筑艺术的统一体。对于灯具的要求是必须具有功能性、经济性和艺术性的统一，在改善照明效果的基础上，形成建筑物所特有的风格。随着建筑空间、家具尺度，以及人们生活方式的变化，光源、灯具的材料、造型与设置方式都会发生很大变化。灯具与室内空间环境结合起来，可创造出各种不同风格的室内风格，取得良好的照明及装饰效应。

一、灯具类型

根据照明灯具在室内照明中的用途，灯具可分为吸顶灯、嵌入式灯、吊灯、壁灯、台灯、立灯和轨道灯。

（1）吸顶灯。直接固定于顶棚上的灯具称为吸顶灯。吸顶灯的形式相当多，有各样带罩或不带罩的吸顶灯，也有各种带罩或不带罩的荧光灯。以白炽灯作为光源的吸顶灯大多采用乳白玻璃罩、彩色玻璃罩和有机玻璃罩，形状有方形、圆形和长方形等几种；以荧光灯作为光源的吸顶灯，大多采用有晶体花纹的有机玻璃罩和乳白色玻璃罩，外形多为长方形。吸顶灯多用于整体照明。办公室、会议室、走廊等处都经常使用。

（2）嵌入式灯。嵌入顶棚中的灯通称嵌入式灯，灯具有聚光型和散光型两种。聚光型灯一般用于局部照明的场所，如金银首饰店、商场货架等处。散光型灯一般多用于局部照明以外的辅助照明。如宾馆的通道、咖啡馆的走道、商场的大面积顶棚等处。

（3）吊灯。吊灯是利用导线或钢管（链）将灯具从顶棚上吊下来。大部分吊灯带有灯罩。灯罩常用金属、玻璃和塑料制作而成。吊灯如用作普通照明时，多悬挂在距地面 210 cm 处，用作局部照明时，大多悬挂在距地面 100 cm～180 cm。吊灯一般用于整体照明，如门厅、餐厅、会议厅等处。因为其造型、大小、质地、色彩等对室内氛围会有影响，作为灯饰，在选用时一定要使它与室内环境条件相适应。此外，有一种吊灯可调节高度和亮度，常用于餐厅的餐桌和茶几上，使围坐在一起吃饭用茶的人备感亲切和温暖。

（4）壁灯。壁灯设在墙壁上和柱子上。它除了具有实用价值外，也有很强的装饰性，使平淡的墙面变得光影层次丰富。壁灯的光线比较柔和，作为一种背景灯，可使室内氛围优雅，常用于大门口、门厅、卧室、公共场所的走道等。壁灯一般都应该安装在视线以上的部位，同时还应注意与其他灯具的形式、位置、光源相配合、相协调。

（5）台灯。台灯主要用于局部照明。书桌上、床头柜上和茶几上都可用台灯。它不仅是照明器具，还是很好的装饰品，对室内环境起美化作用。

（6）立灯。立灯又称"落地灯"，也是一种局部照明灯具。它常摆设在沙发和茶几附近，作为待客、休息和阅读区域照明。立灯的灯罩与台灯的灯罩相似。立灯和台灯的最大特点是便于移动和具有明显的装饰作用，使房间增色不少。

（7）轨道灯。轨道灯由轨道和灯具组成。灯具沿轨道移动，灯具本身也可改变投射的角度，是一种局部照明用的灯具。其主要特点是可以通过集中投光以增强某些特别需要强调的物体。轨道灯的轨道可以固定或悬挂在天棚上，必要时还可以布置成"十"字形或"口"字型。这样，灯具就能在很大的范围内移动位置，并通过转换灯具本身的投光角度，照射不同位置的物体。为了强化照射物体的质地和使色彩更丰富，灯光照明在现代室内环境中扮演着越来越重要的角色，因此在设计中应将其看作与家具一样，有一个总体的设计构思，对灯具的使用进行合理的选择，必要时做专门设计加工。

按光通量在上下空间分布的比例，灯具可分为直接型灯具、半直接型灯具、间接型灯具、半间接型灯具和漫射型灯具五种。

（1）直接型灯具。此类灯具绝大部分光通量（90%～100%）直接投照下方，灯具的光通量的利用率最高。

（2）半直接型灯具。这类灯具大部分光通量（60%～90%）射向下半球空间，少部分射向上方，射向上方的份量将减少照明环境所产生的阴影的硬度并改善其各表面的亮度比。

（3）间接型灯具。灯具的小部分光通量（10%以下）向下，天棚成为一个照明光源，达到柔和无阴影的照明效果。由于灯具向下光通量很少，只要布置合理，直接眩光与反射眩光量就很小。此类灯具的光通量利用率比前面两种都低。

（4）半间接型灯具。灯具向下光通量占 10%～40%，它的向下份量往往只用来产生与天棚相称的亮度，此份量过多或分配不适当也会产生直接或间接眩光等一些缺陷。上面敞口的半透明罩属于这一类。它们主要作为建筑装饰照明，由于大部分光线投向顶棚和上部墙面，增加了室内的间接光，光线更为柔和宜人。

（5）漫射型灯具。灯具向上向下的光通量几乎相同。最常见的是乳白玻璃球形灯罩，其他各种形状漫射透光的封闭灯罩也有类似的配光。这种灯具将光线均匀地投向四面八方，因此光通量利用率较低。

二、灯具配置

居室的照明对居室的氛围和格调起关键的作用，不同的灯配置与室内环境结合起来能够形成不同风格的环境氛围。

灯光配置要根据光源、灯具的基本常识把握以下几条原则。

（1）灯具选择注重功能。灯具应该首先考虑功能性，方便好用；再考虑经济和艺术性。切忌单纯追求外形而忽略了灯具本身的功能。

（2）同一居室内灯具应统一风格。同一室内的灯具应在选型、用材与色彩上风格统一。同时，还要注意室内空间家具、电器等的造型和色彩。如果在极其简洁的现代室内设计中配置繁复的古典式灯具，就给人不协调的感觉，只有统一风格才能创造良好的照明和装饰效果。

目前的灯具材料多种多样，有金属、陶瓷、玻璃、织物等。灯具的质感选择要从整个风格来考虑，以创造不同的氛围。例如，选用玻璃灯具能形成玲珑剔透、豪华富丽的氛围；使用镀铬、镀镍的金属灯具能显示出较强的现代感；天然材料往往给人一种朴素的亲切感。

（3）掌握光色的基本感觉。在自然光或人工光源照明下的物体都必须具有足够的亮度，人的眼睛才能有对颜色的感觉。当光消失的时候，色彩也随之消失。低色温光源给人温暖的、兴奋的、前进的感觉，能增添欢快活跃的氛围；高色温光源给人后退的、寒冷的、远小的感觉。可以用低色温光线来加强室内木质材料、地毯、织物的柔软感。

第三节　室内照明

室内照明是室内环境设计的重要组成部分，室内照明设计要有利于人的活动安全和舒适的生活。在人们的生活中，光不仅仅是室内照明的条件，还是表达空间形态、营造环境氛围的基本元素。

一、室内照明的作用

室内照明设计对于室内设计具有实用性和艺术性两方面作用，这是室内照明设计的本质。

（一）实用性

实用性是指在不同类型的建筑中的使用功能不一样，它需要按使用者在生理上的需要，来选择不同的灯具和照度，比如在看书和休息时的照度是不一样的。根据视觉健康面推荐各应用场所和活动形式的照度标准，有各工作场合的亮度分布值，有各类眩光评价等级，有频闪影响的研究数据等。而有的设计者在进行照明设计时，单纯地追求艺术性，而往往忽略了人们生理上的需要。

光线除了对人们的活动有影响之外，室内光线的质量如何也对人们的身心健康具有直接的影响。人在较暗的环境中工作，容易疲倦，积极性不高，也容易紧张，甚至损害眼睛的视力。对人的眼睛产生直接照射的"眩光"现象，会干扰人的正常活动，严重的会对人的心理造成伤害。如体育馆场地上空的照明灯具都带罩安装，就是为了避免产生"眩光"，以保证观众舒适地观看比赛。所以在室内照明材料的选择上，一定要根据采光方式正确地选择受光材料，以保证人们的身心健康。

（二）艺术性

艺术性是指使用不同的照明手法和色彩会产生不同的心理效果。各种形状的显示和立体感、境深，以及不同的建筑风格都需要通过照明设计来产生不同的效果。

为了对室内进行装饰，增加空间层次，制造环境氛围，常采用装饰照明。光线的强弱，光的颜色，以以及光的投射方法可以明显地影响空间感染力。明亮的空间会感觉大一些，暗淡的空间感觉会小些。在冷色光空间中会感觉凉爽，暖色空间使人感到温暖等等。总之，利用室内照明进行艺术设计就是对室内进行加工，以满足人们的心理需求。

（1）创造良好的室内氛围。光线和色彩是创造空间氛围的主要因素，空间的氛围也因光色的不同而变化。例如，宁静温馨型的卧室，可以选择造型简洁的吸顶灯，其发出的乳白色光线均匀而且柔和，与淡色的卧室墙壁相映；或者可以运用光檐照明，使光经过顶棚或墙壁反射出来，令整个空间十分生动迷人；也可以安装嵌入式的筒灯或射灯，配以壁灯，利用点照明的直射光与"朦胧"的辅助光相辅相成，更加典雅温馨。而前卫型的卧室在装修上追求自由随意的风格，突破传统观念，体现超前意识。在灯具的使用方面一切以简洁为主，灯具表面往往选用简单的黑白两色或金属质感很强的颜色。墙上的壁灯可以是三角形的，菱形的或不规则形的；桌上的台灯可以是半圆形的，直线图形的；射灯选择有棱有角的款式，落地灯采用简单的流线型，在卧室中用暖色光（红、黄）照明，可使温暖和睦的氛围得到一定的强调，而用冷色光（白、蓝）的照明，则使人感到舒适凉爽等。另外，要特别注意光色和室内其他色彩的配合及相互影响。一切都显得简约别致，显示出现代人别出心裁的个性追求。

（2）加强空间感。空间的感觉可以通过光的作用表现出不同的效果。一般来说，空间的开敞程度与光的亮度成正比，亮的房间感觉要大一点，暗的房间感觉要小一点。当采用漫射光作为空间的整体照明时，也使空间有扩大的感觉。直射光线能加强物体的阴影和光影对比，使空间的立体感得以加强。通过不同光的特性，亮度的不同分布，可以强调希望注意的地方，也可以用来削弱不希望被注意的次要地方，从而使空间环境得到进一步的完善和美化。照明也可用于改变空间的实和虚的感觉，如台阶照明及家具底部的照明，使物体和地面脱离，形成悬浮的效果从而使空间显得空透、轻盈。

（3）体现风格与地方特点。由于各个地域的民族装饰风格不同，室内照明设计也要符合民族风格。具有东方风格的室内空间可采用中国的宫灯、日本式的纸和竹子等材料做的灯具，在西式的空间中采用多火式吊灯形式。总之，各地方各民族都有各自的能代表地方特点的灯具造型可供选择。

（4）体现美妙的光影艺术。光和影本身就是一种特殊的艺术，如月上柳梢、婆娑树影、疏疏密密随风变幻，这种艺术魅力是难以用语言来表达的。在照明设计中，应该充分利用各种照明装置，在恰当的部位给予匠心独运的应用，以形成生动的光影效果，从而丰富空间的内容和变化。合理地利用光与影之间的关系还可以塑造出良好的空间层次感，使得整个空间更有深度并且富于变化。

（5）光源色表现色彩变化效果。利用光的各种色彩可以使室内取得不同的色调，暖色调表示温暖、华丽、喜悦的氛围；冷色调表现凉爽、高雅、平静的氛围。但光源色调必须要和空间、陈设的色调一致方能准确地表现色彩效果。寒冷的地区可以多用暖色调光，炎热的地区多可用白炽灯或偏冷的光。

另外，各种灯具由于发光源的材料不同，色温也不同，照射同一物体产生的色彩效果也不同。比如，普通灯泡和荧光灯在分别照射同一颜色物体时，分别表现出偏暖或偏冷的色彩感觉，这就要求合理地选择光源色温以保证准确地表现物体的色彩面貌。

（6）美化室内空间。灯光除能装饰、丰富室内空间外，灯具自身的造型也是美化室内空间的重要角色（见图5-1）。灯具通过自身的造型、材料和不同的排列组合，适合于不同功能的大小空间。灯具的选择要与室内的空间大小、高低和用途相协调，这样才能有效地体现出灯具的美化和使用价值。比如，公共购物场所进门中厅高大空间所采用大型晶体玻璃吊灯，既装饰了空间，也起到了大体量空间的照明效果。

图 5-1　某酒店的室内照明

学会艺术地用光会给室内空间平添绮丽多姿的艺术效果。随着科学技术的进步，照明工具会不断改善，新的发明、创造会更方便人们的生活和工作。

二、室内照明的种类

根据光源的投射光量的不同，室内照明可分为以下五种，如图 5-2 所示。

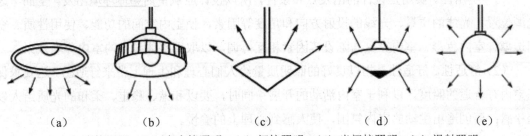

（a）　　　　　　（b）　　　　　　（c）　　　　　　（d）　　　　　　（e）

（a）直接照明；（b）半直接照明；（c）间接照明；（d）半间接照明；（e）漫射照明

图 5-2　照明方式

（1）直接照明。光线通过灯具射出，其中 90%～100% 的光通量到达假定的工作面上，这种照明方式为直接照明。直接照明方式具有强烈的明暗对比，并能造成有趣生动的光影效果，可突出工作面在整个环境中的主导地位，但是由于亮度较高，应防止眩光的产生。如工厂、普通办公室等。

（2）半直接照明。半直接照明方式是半透明材料制成的灯罩罩住光源上部，60%～90%以上的光线使之集中射向工作面，10%～40% 被罩光线又经半透明灯罩扩散而向上漫射，其光线比较柔和。这种灯具常用于较低房间的一般照明。由于漫射光线能照亮平顶，使房间顶部高度增加，因而能产生较高的空间感。

（3）间接照明。间接照明方式是将光源遮蔽而产生的间接光的照明方式，其中 90%～100%的光通量通过天棚或墙面反射作用于工作面，10%以下的光线则直接照射工作面。通常有两种处理方法，一种是将不透明的灯罩装在灯泡的下部，光线射向平顶或其他物体上反射成间接光线；另一种是把灯泡设在灯槽内，光线从平顶反射到室内成间接光线。这种照明方式单独使用时，需注意不透明灯罩下部的浓重阴影。通常和其他照明方式配合使用，才能取得特殊的艺术效果。商场、服饰店、会议室等场所，一般作为环境照明使用或提高景亮度。

（4）半间接照明。半间接照明方式恰和半直接照明相反，把半透明的灯罩装在光源下部，60%以上的光线射向平顶，形成间接光源，10%～40%部分光线经灯罩向下扩散。这种方式能产生比较特殊的照明效果，使较低矮的房间有增高的感觉。也适用于住宅中的小空间部分，如门厅、过道等。

（5）漫射照明方式。漫射照明方式是利用灯具的折射功能来控制眩光，将光线向四周扩散漫散。这种照明大体上有两种形式：一种是光线从灯罩上口射出经平顶反射，两侧从半透明灯罩扩散，下部从格栅扩散；另一种是用半透明灯罩把光线全部封闭而产生漫射。这类照明光线性能柔和、视觉舒适，适用于卧室。

三、室内照明设计的原则

在进行室内照明设计时须遵循以下几个原则。

（1）实用性。实用是设计的出发点和条件，所以设计应从室内整体环境出发，全面考虑光源位置、光线的质量、光线的投射方向和角度等因素，使室内空间的功能、使用性质、空间造型、室内色彩、室内家具与陈设等因素相互协调，以取得整体统一的室内环境效果。

（2）舒适性。舒适性是指以良好的照明质量给人们心理和生理上带来舒适感。这要求保证室内有合适的照度，以利于室内活动的开展；同时，要以和谐、稳定、柔和的光质给人以轻松感；要创造出生动的室内氛围，使人感到心理上的愉悦。

（3）安全性。设计选择照明系统时，要自始至终坚持安全第一的原则。在满足实用与舒适的要求后应保证照明的安全性，防止发生漏电、触电、短路、火灾等意外事件。电路和配电方式的选择和插座、开关的位置等，应符合用电的安全标准，并采取可靠的用电安全措施。

（4）经济性。经济性原则包含两方面内容：一方面是节能，照明光源和系统应该符合建筑节能有关规定和要求；另一方面是节约，照明设计应从实际出发，尽可能地减少一些不必要的设施；同时，还要积极地采用先进技术和先进设施，不能片面地强调经济性，拒绝采用先进技术和先进设施。

（5）美观性。灯光照明还具有装饰空间、烘托氛围、美化环境的功能。对于装饰要求较高的房间，装饰设计往往会对光源、灯具、光色的变换，以及局部照明等提出一些要求，因此，照明设计要尽可能地配合室内设计，满足室内装饰的要求。对于一般性房间的照明设计，也应该从美观的角度选择、布置灯具，使之符合人们的审美习惯。

四、室内照明设计的要求

室内照明设计除了应满足基本照明外，还应满足以下几方面要求。

（1）照度标准。照明设计时应有一个合适的照度值，照度值过低，不能满足人们正常工作、学习和生活的需要；照度值过高，容易使人产生疲劳，影响健康。照明设计应根据空间使用情况，符合《建筑电器设计技术规程》规定的照度标准。

（2）灯光的照明位置。正确的灯光位置应与室内人们的活动范围，以及家具的陈设等因素结合起来考虑。这样，不仅满足了照明的基本功能要求，同时加强了整体空间意境；此外，应把握好照明灯具与人的视线的合适关系，控制好发光体与视线的角度，避免产生眩光，减少灯光对视线的干扰。

（2）灯光的投射范围。灯光的投射范围是指保证被照对象达到照度标准的范围，这取决于人们室内活动的范围和对照明的要求。投射面积的大小与发光体的强弱、灯具外罩的形式、灯具的高低位置和投射的角度有关。照明的投射范围使室内空间形成一定的明暗对比关系，产生特殊的氛围，有助于集中人们的注意力。例如，剧院演出时灯光集中在舞台上，观众席成了暗区，这样就把观众的注意力全部集中到舞台，烘托整个剧场的演出氛围。在进行设计时，必须以具体用光范围为依据，合理确定投射范围，并保证照度。即使是装饰性照明，也应根据装饰面积的大小进行设计。

（4）照明灯具的选择。灯具不仅限于照明，也为使用者提供舒适的视觉条件，同时起到美化环境的作用，是照明设计与建筑设计的统一。随着建筑空间、家具尺度，以及人们生活方式的变化，光源、灯具的材料、造型与设置方式都会发生很大变化。灯具与室内空间环境结合起来，可以创造不同的室内风格，取得良好的照明及装饰效果。

五、室内照明设计的程序

室内照明设计的具体程序如下。

（1）明确照明设施的用途和目的。在明确建筑空间的用途和使用目的（如办公室、商场、体育馆等）之后，确定需要通过照明设施所达到的目的，如各种功能要求及氛围要求等。

（2）确定合适的照度。根据活动性质，活动环境，选定照度标准；根据使用要求确定照度的分布，通常要先满足工作区的照度要求。

（3）保证照明质量。要考虑视野内亮度的分布，即室内最亮工作面亮度和最暗面亮度之比，同时要考虑主体物与背景之间的亮度比与色度比。过高则刺目，过低则缺少主次，通常以视觉舒适为标准。还要考虑光的方向性和扩散性，一般需要有明显的阴影和光影的光亮场合，选择有指示性的光源。为了得到无阴影照明，应选择扩散性的光源。要注意避免眩光，眩光对人的视力伤害极大。

（4）选择光源。选择光源时要考虑光源使用寿命、发光效率、灯泡表面温度的影响，还要考虑色光效果及其心理效果。通常，需要强调的地方采用高明度或高彩度光源，需要识别色彩的工作地点（如绘图室）可采用荧光灯，可根据色彩心理表达室内氛围（宁静、活泼、高雅、华贵等）。

（5）确定照明方式。根据具体要求选择照明的类型和方式，做好发光天棚的设计，要考虑光槽、光带和发光天棚的风格、漫射材料等技术因素，以及发光天棚对室内环境的烘托等。

（6）选择照明灯具。根据室内氛围的要求，以及特定室内的照明要求，考虑每种灯具的造型、风格、色彩等因素进行选定。

（7）灯具布局。根据室内工作面的分布情况和照度计算的结果，参照灯具的发光效率、照度和亮度，组织灯具布局。在此基础上，还要考虑灯具组合的美学构成关系，以及与各界面之间的构成关系。

（8）解决技术问题。除了确定照度布局方式，考虑美学因素以外，还要解决技术问题。例如，电压、光源与照明装置等系统选择；配电盘的分布，网路布线、导线种类和敷设方法的选择；还有网路的计算，安全防护的措施等。

（9）经济核算和维修保护。造价对设计有相当的制约性，只有符合这种制约性的设计才是有实际意义的。设计时必须考虑到经济性，尽可能地多利用自然光，采用高效率的光源，节约能源，核算投资造价和使用费用。还要考虑光源的维修保护，要选用易于清洁维护、更换光源的灯具。

（10）与其他专业协调。照明设计是室内设计的一部分，必然地会和其他专业、其他组成部分发生联系，要与其他设备协调统一，如空调、烟感、音响等。在交叉布置的情况下，要做好协调工作。

第四节　建筑化照明

所谓建筑化照明，就是把建筑和照明融为一体，使建筑物的一部分呈现出光彩夺目的照明方式。这是建筑设计的一种新颖手法。建筑化照明是在建筑物的内部安装光源或照明器具，采用埋入式，利用建筑物的表面反射或透过光线。作为建筑物的顶棚和墙壁的尺寸、选材、色彩图案要与照明的光色、配置、遮光、效率、照度等同时考虑，并且要协调统一，也就是建筑设计与照明设计必须同时进行。

通常，建筑化照明具有以下优点。

（1）大面积的建筑照明不宜过多地使用吊灯，通常多用嵌入式或半嵌入式建筑化照明。这样做，可以避免凸出灯具，使空间显得整齐美观。

（2）可将照明灯具、空调设备、消声设备、防灾设施等统一布置安装，并将建筑物梁和设备管道等隐蔽起来，使整个建筑物更加美观。

（3）将不同光源、灯具和不同的建筑形式结合起来，实现建筑艺术多样化。

建筑化照明的具体形式如下。

（1）隐蔽反射照明。即将顶棚的一部分做得高些，在它的凹下部分和墙壁的上部分装进日光灯管，所有的光射到顶棚上，靠反射光照明室内的一种间接照明。由顶棚面的扩散光，使室内照明呈现出一种柔和的氛围。由于低照度、阴影，所以只能作辅助照明使用。顶棚面的反射率直接关系到照度、顶棚面的亮度、灯泡的遮光等。

（2）镶板式照明。即在顶棚或圆顶上安装灯泡的照明。它适用于大厅、餐厅、门厅等处，显得格外豪华。有在乳白色的嵌板上面安装灯泡的方法，也有将圆球灯泡或荧光灯吊在中心，靠顶棚反射的光来照明的方法。

（3）发光顶棚。即在整个顶棚上安装日光灯管，在其下边安装扩散板（乳白透明片），得到扩散光的照明。即使安装很多照明器具，眩光也很少，所以适于高度照明，多用于门廊、展览室等处。但在照度低的情况下，容易产生类似阴天的感觉。另外，扩散板面存在亮度不均的问题，所以不是十分理想。灯的间隔，以及灯与扩散板间隔的关系，也须充分考虑。

（4）满天星照明。即整个顶棚根据一定间距安装灯，在它下边安装格栅的照明。扩散光受格栅结构的影响，格栅的反射率影响顶棚的亮度。但在反射率低的情况下，格栅效率低，工作面的照度也变低。这种照明方式装饰效果极强，能很好地烘托空间氛围。

（5）光带照明。即镶嵌在顶棚的长久性发光照明。日光灯管不直接照射到眼睛上，而是安装上遮光板或扩散板，可以降低眩光。

（3）光梁照明。即将梁状的乳白塑料、乳白玻璃罩安装在顶棚上，中间装上灯管。安装方法有直接安装和半嵌入式两种。

（7）檐板照明。即在顶棚和墙壁的角上，安装向下方发光的照明。这种照明会使墙壁和窗帘由上往下地被照亮，形成美丽明亮的光带。另外，也可使靠在墙边的沙发得到充足的照度。为使不直接见到灯管，应该注意遮光，遮光角应大于 45°。

（8）平衡照明。即安装在窗帘盒上边的部分的照明。射到上方的光使顶棚照亮，射到下方的光使窗帘照亮。之所以称平衡照明，是因为使光照到上下两方。但是距顶棚的间隔狭小时（25 cm 以下），顶棚局部会变亮，所以应注意。

（9）高托架照明。即安装在墙壁上部的照明。它使光射到上方、下方。与平衡照明一样，使墙壁面形成亮度层次。关于遮光，也和平衡照明、檐板照明一样需要注意。托架的安装高度，要根据门窗的高度来决定。如果与门窗无关时，可考虑与墙面平衡决定适当的高度。

（10）低托架照明。即在墙壁下部的照明。它能使光射到上方、下方，作为床头照明和洗涮池照明使用。托架的安装高度，要根据操作的高度来决定。这时的遮光要考虑操作者坐的位置和站的位置，以及眼睛的高度，要注意眼睛不应直视灯光。托架的长度由家具或房间的大小来决定。

（11）棚面照明。即在装饰棚、钢琴、沙发、厨房、洗涮台等上部的顶棚或棚的下侧的照明，如浴室和洗脸间的镜前照明。

（12）人工窗。即安装在地下室或暗房的恰如窗户一样的照明。它适用于书房、机房、展览室等处。通常是在推拉窗或乳白的透光板里安装所需数量的灯。

【本章小结】

本章主要介绍了采光与照明、灯具的类型与配置、室内照明和建筑化照明四部分内容。通过本章学习，读者可以了解建筑空间光环境的形式和光的类型；掌握灯具的类型及其配置的原则；了解室内照明设计的要求和基本原则；熟悉室内照明的种类；掌握室内照明设计的程序；了解建筑化照明的的优点和形式。

【思考题】

1. 简述照度、光色、亮度。

2. 灯具的类型有哪些？

3. 灯具的配置需把握哪些原则？

4. 室内照明能起到哪些作用？

5. 室内照明设计的原则是什么？室内照明设计有哪些要求？

6. 什么是建筑化照明？建筑化照明有哪些优点？

第六章　家具与陈设

【学习目标】

> 了解家具的发展
> 了解家具的分类与作用；
> 掌握家具的设计的原则与过程
> 掌握家具的选用与配置方法
> 了解室内陈设的作用和分类
> 掌握室内陈设的选择与配置方法

第一节　家具设计

家具是指人类维持正常生活、从事生产实践和开展社会活动必不可少的一类器具。家具也跟随时代的脚步不断发展创新，到如今门类繁多，用料各异，品种齐全，用途不一。

一、家具的发展

（一）中国家具的发展

中国是世界家具起源最早的国家之一，其发展随着社会演化的进程经历了多层次的变革。中国历代家具的特质，在于它不仅仅通过各历史时期的演变，完善其服务于人类的使用价值，同时还凝集出在其特定环境里形成的不同的艺术风格。在现存众多的明清家具中，比较集中地体现在精湛的工艺水平、极高的艺术欣赏价值和深厚的历史文化价值。这就使家具成为中华民族值得骄傲并珍视的文化遗产之一。

中国家具起源于夏朝，经历了不同时期、七个阶段的发展历程与变革。

1. 夏、商、周：中国早期家具的雏形阶段

夏商周是家具起源时期，主要出现的家具品种有：席——床榻之始；俎、几——桌案之始；禁——箱柜之始；扆——屏风之始。

从历史文献可知，我国早在殷商以前就已发明了家具，在商、周两代铜器里的"俎"，具有家具的基本形象，"俎"是一种专门用来屠宰牲畜的案子，并把宰杀完的祭品放在上面；再

如"禁",是夏商周时期放酒器的台子,造型浑厚,纹饰多为饕餮纹。

此外,商代已出现了比较成熟的髹漆技术,并被运用到床、案类家具的装饰上。从出土的一些漆器残片上,可以看到丰富的纹饰,其技术达到了很高水平。

2. 春秋、战国时期:比较低矮的家具出现

春秋、战国是中国家具的发展时期,家具演变过程中的主要品种有:案、俎、几、床、箱、禁、屏、柜、席、椅、墩、凳、衣架、胡床等。

春秋时期,奴隶社会走向崩溃,并逐渐向封建社会过渡,到战国时期生产力水平大有提高,人们的生存环境也相应地得到改善,与前代相比,家具的制造水平有很大提高。尤其在木材加工方面,出现了像鲁班这样的技术高超的工匠,不仅促进了家具的发展,而且在木构建筑上也展现了他们的才能。由于冶金技术的进步,炼铁技术的改进出现了较多的加工器械和工具,如铁制的锯、斧、钻、凿、铲、刨等,为家具的制造带来了便利条件。

3. 秦汉时期:为"垂足而坐"奠定了基础

秦始皇统一天下,建立了中央集权的封建国家,一系列的改革措施使政治、经济、文化都达到了一个全新的高度。规模庞大的阿房宫是秦始皇大兴土木的一个标志性建筑,但当时的辉煌都随着战火和天灾付之一炬,豪华的陈设和恢宏的殿堂都无处找寻了,只能借助于史料记载和文学作品来想象当时的状况。

汉代仍然是席地而坐,室内生活以床、榻为中心。床的功能不仅供睡眠,用餐、交谈等活动也都在床上进行。大量的汉代画像砖、画像石都体现了这样的场景。

床与榻略有不同,床高于榻,比榻宽些。设置于床上的帐幔也有重要作用,夏日避蚊虫、冬日御风寒,同时起到美化的作用,也是显示身份、财富的标志。

几在汉代是等级制度的象征,皇帝用玉几,公侯用木几或竹几。几置于床前,在生活、起居中起着重要作用。案的作用相当大,上至天子,下至百姓,都用案作为饮食用桌,也用来放置竹简、伏案写作。

随着对西域各国的频繁交流,打破了各国间相对隔绝的状态,胡床传入我国。这是一种形如马扎的坐具,以后被发展成可折叠马扎、交椅等,更为重要的是为后来人们的"垂足而坐"奠定了基础。

常用家具有几、案、箱、柜、床、榻、屏风、笥(放衣服的小家具)、奁(放梳妆用品的器具)、胡床等。这一时期家具的主要特点是:大多数家具较低矮;始见由低矮型向高型演进的端倪。

4. 魏、晋、南北朝:高型家具的出现

魏晋南北朝是中国历史上一次民族大融合时期,各民族之间文化、经济的交流对家具的

发展起了促进作用。

"席地而坐"是魏晋以前中国人固有的习惯，从东汉时期开始，随着东西各民族的交流，新的生活方式传入中国。"垂足而坐"的方式更方便、更舒适，为中国人所接受，这种坐姿的传入与佛教的传入有直接关系，尤其到魏晋南北朝以后，一个更加丰富多彩的世俗生活形态开始了。

尽管汉末至六朝这一段时期政治混乱、战争仍频，但其间的精神生活却很自由很开放，艺术创造充满热情。在战乱中疲于奔命的人们对佛教所描绘的来世充满幻想，而超脱凡俗的高士放浪形骸，隐居山野，陶渊明、竹林七贤，就出现在这样的社会背景下。佛教的日益兴盛，促进了大规模地建设庙宇、石窟，其中的陈设、用具也大都受到外来影响，出现了墩、椅、凳等高型家具。新出现的家具主要有扶手椅、束腰圆凳、方凳、圆案（檈）、长杌、橱，并有笥、簏（箱）等竹藤家具。床已明显增高，可以跂床垂足，并加了床顶、床帐和可拆卸的多摺多牒围屏。坐类家具品种的增多，反映垂足坐已渐推广，促进了家具向高型发展。从西晋时起，跪坐的礼节观念渐渐淡薄。至南北朝，垂足坐渐渐流行。

5. 隋唐及五代：高型家具盛典时期，高矮型家具并存发展

隋朝只维持了 37 年，在家具方面没有什么特殊的代表，也看不出有什么变化。真正的繁荣时期是在唐代。唐代初期就出现了蓬勃进取的精神风貌，经历了长时间的战乱和流离失所，在江山统一后，人们的生活热情得以爆发。"贞观之治"带来了社会的稳定和文化上的空前繁荣。唐代的家具在这样的社会背景下，显现出它的浑厚、丰满、宽大、稳重的特点，型体、重量和气派都较大，但在工艺技术和品种上缺少变化。豪门贵族所使用的家具品种比较丰富，在装饰上更加华丽，唐画中多有写实表现。这一时期的家具出现复杂的雕花，并以大漆彩绘，配画花卉图案。

6. 宋、元时期：高矮型家具较多、繁杂

从 10 世纪中晚期开始，宋王朝展开了经济发展、城市繁荣的画卷。宋时高座家具已相当普遍，高案、高桌、高几也相应出现，垂足而坐已成为固定的姿势，起居方式自此而定。城镇世俗生活的繁荣使高档宅院、园林大量兴建，打造家具以布置房间成为必然，这给家具业的蓬勃发展提供了良好的社会环境。

相对而言，元代立国时间比较短，统治者采用的是汉制政策，所以不仅在政治、经济体制上沿袭宋代，家具方面也沿袭宋制，工艺技术和造型设计上都没有大的改变。元代中国最高统治者虽是蒙古族，但传统文化没有中断，家具仍在宋、辽的基础上缓慢发展，宋明之间差别不明显。

7. 明代：中国家具发展的鼎盛时期

明代，手工业的艺人人数较前代有所增多，技艺也非常高超。明代江南地区手工艺技术较前代大大提高了，并且出现了专业的家具设计制造的行业组织。《鲁班经匠家镜》一书是建筑的营造法式和家具制造的经验总结。它的问世，对明代家具的发展和形成起了重大的推动作用。明式家具的产生和发展，主要的地域范围在以苏州为中心的江南地区，这一地区的明式家具持续着鲜明独特的风格。

明代家具特点：功能合理、结构科学、工艺精良、装饰得体、格调高雅。

明式家具十六品：简练、淳朴、厚拙、凝重、雄伟、圆浑、沉穆、稠华、文绮、研秀、劲拔、柔婉、空灵、玲珑、典雅、清新。

8. 清代：中国家具的衰退期，也是中国家具发展的最具影响力的时期

清代家具，从发展历史看，大体可分为三个阶段。

清初之时，家具上的创新不多，还保持着明代家具的样式。清代中叶以后，清式家具的风格逐渐明朗起来，家具也出现了新的特征，既与明式家具相互影响，又有不同于明式家具的独到之处，总体尺寸要比明式家具宽大，形成稳定、浑厚的风格。

清代家具样式也十分丰富，例如出现的太师椅就有多种式样，靠背、扶手、束腰、牙条等形式变化，更是层出不穷。

清代家具的另一个装饰特点是"多"和"满"，更喜吉祥图案，千方百计营造成一种豪华、富丽、大富大贵的效果。这一时期的家具力求华丽，并注意与其他工艺品相结合，使用了金、银、玉石、珊瑚、象牙、珐琅器、百宝镶嵌等不同质材，追求金碧辉煌、璀璨、富丽堂皇。遗憾的是，这一时期的家具，有的由于过分追求奢侈，显得繁琐累赘。

（二）国外家具的发展

国外家具的发展大体经历了以下的演变过程。

（1）罗马式家具。罗马式家具的特点是类型少、造型简朴，其主要构件均仿造建筑形式。

（2）哥特式家具。哥特式家具风格上很像哥特式建筑，椅背上常做尖顶装饰，家具结构多采用框架镶板形式，大多装饰有旋涡形的曲线和植物纹样，比较高级和精巧的家具还雕有哥特式建筑的挺拔线脚。

（3）文艺复兴式家具。文艺复兴运动兴起后，家具也深受影响，文艺复兴式家具开始逐渐替代哥特式并风行于欧洲大陆。人们倾向于吸收古代造型的精华，以新的表现手法，将古典建筑的一些设计语言运用到家具上。作为家具的装饰艺术，表现出与哥特式家具截然不同的特征。这种形式后来又流传到德国、法国和英国。

（4）巴洛克式家具。巴洛克式家具是在法国开始出现的，它的椅子线条弯曲多变，有很强的动感，采用猫脚形式做椅腿，靠背为花瓶形图案。有些高贵家具表面全部镀金，有的镶

嵌象牙，以示名贵，风格华贵而富丽。

（5）洛可可式家具。洛可可式也称路易十五式，是在巴洛克风格的基础上发展而来的一种新的风格形式。洛可可式造型以曲线为主，雕饰较多且繁琐，与追求豪华、宏大和跃动美的巴洛克风格相反，路易十五式风格追求一种轻盈纤细的秀雅美。它运用流畅自如的波浪曲线处理家具的外形和室内装饰，致力于追求运动中的纤巧与华丽，强调了实用、轻便和舒适。它故意破坏了形式美中对称与均衡的艺术规律，形成了具有浓厚浪漫主义色彩的新风格。

17 世纪以后家具风格相对较多，经历了路易十六式、西班牙古典风格、英国古典风格、意大利新古典主义风格、美国古典主义风格、日本和式家具风格等。

（三）现代家具

随着技术的进步和思想观念的改变，现代家具表现出与传统家具迥然不同的特性。较有影响的有：以几何形体和原色取胜的"风格派"；提倡形式简洁、重视功能、注重新材料运用和工艺技术的"鲍豪斯派"等。这些流派都对现代家具的发展产生了很大的影响。

二战以后，工业技术进一步发展，家具在功能、材料、技术和造型等方面出现了多途径、多风格的趋势。现代家具设计的中心由德国转移到美国，这期间先后出现了不少著名的设计家。除此以外，北欧的丹麦、瑞典、挪威、芬兰等国的家具设计也独具特色，他们设计的家具着力表现木材的质感和纹理，具有淡雅、清新、自然、朴实无华的特色，风靡全球。

二、家具的功能

家具作为一种物质产品，具有两方面的功能，即物质功能和精神功能。它一方面能供人使用，提供给人活动的方便；另一方面又有较高的审美价值，能给人以美的享受。

（一）家具的物质功能

室内装饰设计中，家具的物质功能表现在两个方面：家具自身的使用功能和家具在室内空间中的作用。

1. 家具自身的使用功能

家具自身的使用功能，即为家具的实用性，这是家具最基本的作用。它能为人们工作、学习、生活、活动和休息等提供最基本的物质保证，以提高工作、学习的效率和休息的舒适度。从使用特点看，家具的功能可分为支承功能和储备功能两大类。

（1）支承功能。支承功能是指家具支承人体和物品的功能。支承人体功能的家具（又称"承人家具"），主要有床、凳、椅、沙发等。它与人体直接发生联系，与人们的生活关系最为密切，是家具最主要的功能。承人家具必须尽可能贴合人的活动特征，提供可靠、舒适的支承。承物家具中的大多数家具与人的活动都有较为密切的关系，所以同样应满足人体工程学的要求。

（2）贮物功能。贮物功能是指家具在贮存物体方面的作用。这主要体现在柜、橱、箱等家具上，它们能有序地存放工作、生活中的常用物品，使工作、生活具有条理性，并能保持室内的整洁，提高综合效率。

2．家具在室内空间中的作用

家具在室内空间中的作用主要包括分隔空间、均衡空间构图、组织空间与人流、间接扩大空间。

（1）分隔空间。在现代建筑中，为了提高内部空间的灵活性和利用率，常采用可以二次划分的大空间，而二次划分的任务往往由家具来实现。例如，在许多别墅、住宅设计中，常采用厨房与餐厅相隔而又相通的手法，这不仅有利于使用，也提升了空间的格调。

家具分隔空间的做法还能充分利用空间。例如，用床或柜划分两个儿童同住的卧室；用隔断、屏风等划分餐厅，形成单间或火车座；用货架和柜台划分营业场所，形成不同商品的售货区等。当然，利用家具分隔空间在隔声方面的效果较差，因此在使用中应注意场所的隔声要求，合理使用。

（2）均衡空间构图。室内空间是拥挤闭塞还是杂乱无章，是舒展开敞还是统一和谐，在很大程度上取决于家具的数量、款式、配置和摆设。调整家具的数量和布置形式，可以取得室内空间构图上的均衡。当室内布置在构图上产生不均衡而用其他办法无法解决时，可用家具加以调整。当室内某区域偏轻偏空时，可适当增加部分家具；当某区域偏重偏挤时，可适当减少部分家具，以保持室内空间构图的均衡。

（3）组织空间与人流。在一个较大的空间内，把功能不同的家具按使用要求安排在不同的区域，空间就自然而然地形成了具有相对独立的几个部分。它们之间虽然没有大的家具或构配件阻挡交通和视线，但是空间的独立性质仍可被人们所感知。由于不同区域的家具，在使用上具有某种内在的联系，所以确定了这些家具的布置位置，也就决定了该空间内人流的基本走向。这时，这些区域就具有组织人流的意义。这种情况常常出现在候车室、展厅、门厅中，因为这些场合的使用功能一般比较复杂，需要特别精心地组织，以减少人流的交叉、折返等情况。

（4）间接扩大空间。用家具扩大空间是以它的多用途和叠合空间的使用，以及贮藏性来实现的，特别是在住宅的内空间中，家具起的扩大空间作用是十分有效的。间接扩大空间的方式有如下几种。

①壁柜、壁架。由于固定式的壁柜、吊柜、壁架家具可以充分利用其贮藏面积，这些家具还可利用过道、门廊上部或楼梯底部、墙角等闲置空间，从而将各种杂物有条不紊地贮藏起来，起到扩大空间的作用。

②家具的多功能用途和折叠式家具能将许多本来平行使用的空间加以叠合使用，如组合

家具中的翻板书桌、组合橱柜中的翻板床、多用沙发、折叠椅等，它们可以使同一空间在不同时间用作多种用途。

③嵌入墙内的壁龛式柜架，由于其内凹的柜面，使人的视觉空间得以延伸，起到扩大空间的效果。

（二）家具的精神功能

家具精神方面的功能主要以下几方面。

（1）可以展现一个民族的文化传统。每一个民族都有自己特有的民族文化以及传统习俗，这点可以在家具的摆设中充分展现。现代建筑空间处理日趋简洁明快，在室内环境中恰当配置具有民族特色的家具，不仅能反映民族的文化传统，还能给人们留下较为深刻的印象。

（2）陶冶情操。家具艺术与其他艺术既有共同点又有不同点，不同点之一就是它与人们的生活关系更为密切。家具的产生和发展是人类物质文明和精神文明不断发展的结果。家具不仅影响着人们的物质生活和精神生活，还影响着人们的审美和趣味。家具的美育作用是灵活、潜移默化发生的，人们在接触它的过程中自觉或不自觉地受到感染和熏陶。随着家具的发展，人们的审美情趣也随之不断地改变；而人们审美观的改变，又促进了家具艺术的发展。

（3）形成室内空间的风格和个性。家具的风格与特色。在很大程度上影响甚至决定了室内环境的风格与特色。现代建筑的空间简洁、利落，较少有个性。因此，要体现内部环境的风格特点，必须依靠家具与陈设。

家具可以体现民族风格。中国明式家具的典雅，日本传统家具的轻盈，早已为人们所熟知。所谓的巴洛克风格、埃及古代风格、印度古代风格、日本古典风格等，在很大程度上都是通过家具表现出来的。

家具可以体现地方风格。不同地区由于地理气候条件、生产生活方式、风俗习惯的不同，家具的材料、做法和款式也有所不同。广东流行红木家具，湖南、四川多用竹藤家具，这都与当地的气候条件和资源品种有关。

家具还能体现主人或设计者的风格，成为主人或设计者性格特征的表现形式。因为家具的设计、选择和配置，在很大程度上能反映出主人或设计者的文化修养、性格特征、职业特征和审美取向等。

（4）烘托氛围，表达意境。室内空间的氛围和意境是由诸多因素形成的。在这些因素中，家具起着不可忽视的作用。氛围是指环境给人的一种印象，如朴实、自然、庄重、清新、典雅、华贵等；意境则是指能够引人联想，给人以感染的场景。有些家具体形轻巧，外形圆滑，能给人以轻松、自由、活泼的感觉，可以形成一种悠闲自得的氛围。有些家具是用珍贵的木材和高级的面料制作的，带有雕花图案或艳丽花色，能给人以高贵、典雅、华丽、富有新意的印象。还有一些家具，是用具有地方特色的材料和工艺制作的，能反映地方特色和民族风格。例如，竹子家具能给室内空间创造一种乡土气息和地方特色，使室内氛围质朴、自然、清新、秀雅；红木家具则给人以苍劲、古朴的感觉，使室内氛围高雅、华贵。

（5）调节室内环境色彩。在室内装饰设计中，室内环境的色彩是由构成室内环境各个元素的材料固有颜色所共同组成的，其中包括家具本身的固有色彩。由于家具的陈设作用，家具的色彩在整个室内环境中具有举足轻重的作用。在室内色彩设计中，设计原则多数是大调和、小对比，小对比的色彩处理，往往就落在陈设和家具身上。在一个色调沉稳的客厅中，一组色调明亮的沙发会带来振奋精神和吸引视线从而形成视觉中心的作用；在色彩明亮的客厅中，几个彩度鲜艳、明度深沉的靠垫会造成一种力度感。

另外，在室内装饰设计中，经常以家具织物的调配来构成室内色彩的调和或对比调。例如，宾馆客房，常将床上织物、坐椅织物和窗帘等组成统一的色调，甚至采用同样的图案纹样来取得整个房间的和谐氛围，创造宁静、舒适的色彩环境。

三、家具的分类

家具可按使用功能、使用场所、结构形式、制作材料、组成成分五种方式分类。

（一）按使用功能分类

家具按使用功能分类可分为以下三类。

（1）坐卧类。支撑整个人体及其活动的椅、凳、沙发、躺椅、床凳。

（2）凭倚类。满足人进行操作的工作台、书桌、餐桌、柜台、几案等。

（3）贮藏类。存放和展示物品的衣柜、书架、搁板、斗柜等。

（二）按使用场所分类

家具按使用场所分类可分为以下几类。

（1）居住空间家具。居住空间家具是指人们居家生活所用的家具，主要包括沙发、茶几、电视柜、鞋柜、休闲椅、书桌、书架、餐桌、餐椅、橱柜、床、衣柜、梳妆台等。

（2）办公家具。办公家具指办公空间中使用的家具，主要包括办公桌、工作椅、会议桌、电脑桌、书报架、文件柜、保险柜等。

（3）教研家具：教研家具指在学校和科研空间中使用的家具，主要包括课桌椅、讲台、绘图桌、实验台等，其中课桌椅的尺寸须与学生的年龄相适应。

（4）商业家具。商业家具指百货商场、超市、专卖店等各种商业场所中供储存、陈列、展示、洽谈接待、收银等使用的家具。主要包括货柜、货架、展架、展示台、接待台、收银台等。这些家具的样式和材料要与产品、卖场的装修风格相配合。

（5）其他公共建筑空间家具。如礼堂、影剧院、车站、公园等公共场所使用的家具。这些家具以坐椅为主，一般结构简单、坚固、不易搬动，包括固定式和折叠式。

（三）按结构形式分类

家具按结构形式分类可分为以下几类。

（1）框架结构家具。这是为传统的家具制作工艺制作，以榫卯结构形成的框架作为家具的受力体系，再覆以各种面板组成。框式家具坚固耐用，但不利于工业化的大批量生产。框式家具一般不可拆卸。

（2）折叠家具。折叠家具是现代家具之一。主要特点是能够折叠、造型简单、使用方便、可供居家旅行两用、节约房屋使用面积。常见的有折叠椅、折叠桌、折叠床等。

有些桌子折叠后成箱形，有些椅子或凳子折叠后可放在桌内，有些床可以折叠成沙发。折叠桌和折叠床等多以铰链连接。礼堂、剧院这些公共场所使用的折叠椅子多采用椅面活动式。家庭中使用的折叠椅采用椅面、椅腿连接活动式，不用时可以折叠堆放，少占用空间。折叠凳子多为凳面折合，也有布面对折。坐可采用木板、木条、人造板、布面、皮具和编藤等。也有些一物多用的家具，也是折叠家具的一种，主要特点是增加一些部件，能够抽出推进，翻转折叠，使一件家具能代替几件家具使用。

（3）板式家具。这是现代家具最常见的结构形式。板式家具是以人造板为主要基材，经圆榫和五金件连接而成的拆装组合式家具。板式家具不需要骨架，板材既是承重构件又是围合与分隔空间的构件。板式家具具有外观时尚、结构简单、线条简洁、不易变形、不开裂、价格实惠，可以多次拆卸安装、方便运输、易于工业化生产等特点。

用于板式家具的常见人造板材有胶合板、细木工板、刨花板、中密度纤维板等。其中胶合板常用于制作需要弯曲变形的部位，细木工板（大芯板）和刨花板，一般仅用于低档家具。最常用的板材是中密度纤维板。

板式家具常见的饰面材料有装饰薄木（俗称贴木皮）、木纹纸（俗称贴纸）、三聚氰胺树脂装饰板、PVC胶板、聚酯漆面（俗称烤漆）等。其中天然木皮饰面既保留了天然纹理又节约了木材，具有纹理自然、耐磨性强的特点，一般用于高档板式家具产品。三聚氰胺树脂装饰板和木纹纸也能仿出木材的纹理、色泽，但没有天然纹理自然。木纹纸饰面的耐磨性较差，一般用于低档产品。PVC胶板、聚酯漆面可以制作出各种颜色的饰面。

（4）薄壳家具。薄壳家具是采用现代工艺和技术，将塑料、玻璃纤维等材料经过模压、浇注等工艺一次压制成薄壳零件与其他部件组装或一次成型的家具。薄壳家具常见的是椅、凳、桌。薄壳家具具有质轻、强度高、造型新奇、色彩绚丽、富有现代感等特点。

（5）曲木家具。曲木家具以弯曲的木质部件组装而成。弯曲的零部件多为经弯曲干燥的实木条、弯曲成形的胶合板，也有一些金属构件。这些零部件多用螺钉、螺栓等进行装配。常见的曲木家具有桌、椅、凳、茶几、沙发等，曲木家具具有形态优美、坐卧舒适等特点。

（6）整体浇注家具。整体家具是指主要以水泥、玻璃钢、发泡塑料等为原料，利用定型模具浇注成型的家具，这类家具常用于酒吧、公园等娱乐休闲场所。

（7）根雕家具。根雕家具以老杉木、樟木、鸡翅木、花梨木、酸枝木等树木的树根、树枝、藤条等天然材料为原料，略加修整、雕琢、打磨、钉接而成。根雕家具常见的有茶几、坐具、博古架、花架等。这种家具从形状看，盘根错节、出自天然，丝毫不露斧凿痕迹，极具自然美感。同时还具备家具的各种功能和形态，如腿面、椅背，各部分比例、角度合适，使人坐上去有舒适感，且坚固耐用。既有观赏价值，又有实用价值。

（四）按制作材料分类

家具按制作材料分类可分为以下几类。

（1）木制家具。木制家具是指用木材和胶合板、刨花板等木质人造板为基材制作的家具。木材具有材质轻、强度高、易于加工和涂饰、具有天然的纹理和色彩、触感舒适等优点，因此是理想的制造家具材料。

自从人造板加工工艺发明以来，使得木质家具有了更为广阔的发展空间，形式更为多样化，既节省了术材，又更加方便和其他材料的结合。目前木制家具仍是家具中的主流。常用的木材有松木、水曲柳、椴木、榉木、柚木、柞木、胡桃木、橡木、檀木、花梨木等。

（2）金属家具。金属家具包括以金属管材、板材或线材等作为主架构，配以木材、各类人造板、皮革、玻璃、石材等制造的家具和完全由金属材料制作的铁艺家具，它们统称金属家具。

金属家具的结构形式多种多样，常见的有拆装、折叠、插接等。金属家具所用的金属材料主要有碳钢、不锈钢、铝合金、铸铁等，这些材料不仅强度高，且能够通过冲压、锻铸、模压、弯曲、焊接等加工工艺灵活地制造出各种造型。

较之传统木质家具，金属结构多样、造型优美，具有简洁大方、轻盈灵巧的美感。金属家具用电镀、喷涂、敷塑等主要加工工艺进行表面处理和装饰。金属家具通常采用焊、螺钉、销接等多种连接方式组装。

（3）藤竹家具。藤竹家具是指以竹、藤制作的家具。竹、藤材料具有质轻、高强、富有弹性、易于弯曲和编织等特点。竹藤家具能营造出浓郁的乡土气息，使得室内风格别具一格。同时竹藤家具也是理想的消夏家具，竹藤家具多为椅子、沙发、茶几、小桌，也有柜类。天然竹藤材料须经过干燥、防腐、防蛀、漂白处理后才能使用。

（4）塑料家具。通常是以 PVC 等塑料为主要材料，通过模压成型的家具。具有质轻高强、耐水、造型多样、色彩丰富、光洁度高、易清洗打理、价格便宜等特点。由于塑料种类繁多，所以塑料家具也能够以完全不同的形态出现，既有模压成型的硬质塑料家具、有机玻璃家具，又有树脂配以玻璃纤维生产的玻璃钢家具，还有塑料膜充气、充液制成的悬浮家具。

（5）玻璃家具。玻璃家具多以较厚的玻璃或钢化玻璃为基材，通过金属接头的连接而成，常见的金属家具有茶几、台案、餐桌等。

（6）布艺、皮革家具。是指由布料、皮革、海绵、弹簧等多种材料组合制成的家具。通常以钢、木作为骨架,外包质地柔软的海绵、皮革、布料。常见的有沙发、软凳、软床等。这种家具增加了人体与家具的接触面,从而减小了身体对家具接触部位的压强,避免和减轻了压力给人体带来的不适,增加了坐卧的舒适感。布艺、皮革的面料也具有触感好的优点,图案、色彩丰富多样,能给人以温馨的感觉。

(五)按家具组成分类

家具按组成分类可分为以下三类。

(1)单体家具。单体家具具有独立的形象,各家具之间没有必然的联系,可依据需要单独购置。单体家具便于灵活搭配,但在色彩、形式和尺寸上缺乏统一性。

(2)组合家具。组合家具是指家具能够分解为两个或两个以上的单元,各单元能够自由地以不同形式拼接,产生不同的形态或使用功能。如组合沙发除了可以组合成不同的形状和样式外,有些还能将沙发的扶手组合成茶几等。有些组合家具在单元生产上已达到方便化程度,用户可根据自己的需要进行拼装使用。

(3)配套家具。配套家具是指在一定空间内使用,在材料、尺寸、样式、色彩、装饰上配套设计的家具。如餐厅的餐桌椅,卧室的床、床头柜、衣柜、梳妆台等成组配套的家具。配套家具便于形成室内和谐统一的风格。

四、家具的设计

家具设计是一种创作活动,是建立在现代物质技术基础上的结构设计和造型设计。它必须依据人体尺寸和使用要求,将各种要素加以综合考虑,实现功能与形式的统一、艺术与技术的统一、质量与价格的高性价比。

家具设计应把握好家具与人和空间环境中相关的各种因素之间的关系,满足现代人的生活需求与审美倾向,以及心理学、生理学、行为科学、人体工程学和材料特性、工艺特点等各方面的要求。

(一)家具设计的原则

优秀的家具设计应当具有清晰的市场定位,应当是功能、材料、结构、造型、工艺、文化内涵、鲜明个性与适宜价格的完美结合。一般来说,设计的价值应当超越其材料和装饰的价值。完美的设计并非靠制成后的装饰来实现的,而是综合先天因素孕育而成并经得起时间与地域变化的考验。

作为一种工业产品,家具设计必须在消费与生产之间寻求最佳平衡点。消费者希望获得实用、舒适、安全、美观且价格适宜的家具,而生产者希望简单易做,从而降低成本、保证品质并获得必要的收益。此外,设计者还应当具有社会责任感,以自己的设计引导正确、健康的消费观。以下是家具设计应遵循的七项原则。

（1）实用性。实用性是家具设计的首要原则，家具设计首先必须满足它的直接用途，符合使用者的特定需求。如餐桌用于进餐，西餐桌可以是长条状的，因为西餐通常是分餐制；而长条状的餐桌不适合中国人的用餐习惯，因为中国餐饮文化以聚餐为核心，所以中餐桌往往是圆形或方形的。如果家具不能满足基本的物质功能需求，那么再好的外观也是没有意义。

（2）安全性。安全性是家具品质的基本要求，缺乏足够强度与稳定性的家具设计，其后果将是灾难性的。要确保安全，就必须对材料的力学性能、家具受力大小、方向和动态特性有足够的认识，以便正确把握零部件的断面尺寸，并在结构设计与节点设计时进行科学的计算与评估。

如木材在横纹理方向的抗拉强度远远低于顺纹方向，当它处于家具中的重要受力部位时就可能断裂开来。又如木材具有湿胀干缩的性能，如果用宽幅面实木板材来制作门的芯板而又与框架固定胶合时，就极易在含水率上升时将框架撑散或芯板被框架撕裂。

除了结构与力学上的安全性外，其形态上的安全也是至关重要的，如当表面有尖锐物时就有可能伤及使用者，当家具一条腿超出台面时有可能使人绊倒而摔跤，家具要实现无障碍设计。板材、涂料、胶料等家具原辅材料中的有机散发物对人体健康带来隐患，家具设计与制作时必须予以足够重视。

（3）舒适性。舒适性是高品质生活的需要，在解决了基本问题之后，舒适性的重要意义就凸现出来了，这也是设计价值的重要体现。要设计出舒适的家具就必须符合人体工程学的原理，并对生活有细致的观察、体验和分析。如沙发的坐高、弹性、靠背的倾角等都要充分考虑人的使用状态、体压分布和动态特征，以其必要的舒适性来最大限度地消除人的疲劳，保证休息质量。

（4）经济性。经济性将直接影响到家具产品在市场上的竞争力。好的家具不一定是贵的家具，但设计的原则也并不意味着盲目追求便宜，而是应以功能价值比，即价值工程来衡量。

这就要求设计师掌握价值分析的方法，一方面避免功能过剩，另一方面要以最经济的途径来实现所要求的功能目标。如用优质高档木材来设计制作拙劣的家具是浪费资源；反之，如果在一件高档家具中使用劣质材料或制作时降低要求，那么就会使其价值大跌，这同样是一种浪费，而绝不是经济性的正确途径。从市场角度看，经济性在很大程度上反映的是消费层次。

（5）艺术性。艺术性是人的精神需求，家具的艺术效果将通过人的感官产生一系列的生理反应，从而对人的心理带来强烈的影响。美观对于实用来说虽然次序在后，但绝非可以厚此薄彼。尽管有美的法则，但美不是空中楼阁，必须根植于由功能、材料、文化所带来的自然属性中，矫揉造作不是美。美还与潮流有关，家具设计既要有文化内涵，又要把握设计思潮和流行趋势。潮流之所以能够成为潮流是因为它反映了强烈的时代特征，而时代特性具有文化或亚文化的属性。

（7）可持续性。可持续性是指设计者应当将维护有效生态系统和履行社会义务作为自己的责任。要倡导绿色设计，有效保护环境，减少资源消耗，对子孙后代负责。环保概念应当从广义上去理解，不仅要减少自身所处的小环境的污染，更要从整个环境及其可持续能力上来承担设计责任。设计必须是绿色和健康的，设计应当遵循 3R 原则，即：Reduce（减少），Reuse（重复使用）和 Recycle（循环）。

总之，家具设计要有社会责任感，在构思时不能眼睛只盯着局部，而是要站在更高的角度，在具体设计时又必须深入到每个微观领域精心操作，切忌浮躁心理，沉得下、走得出。设计过程往往是一个不断权衡和妥协的过程，但不应忘记自己的目标、责任和义务。

（二）家具设计的过程

家具设计的过程，通常由造型设计、结构设计、样品制作、造价估算等阶段组成。

1. 造型设计

造型设计，即确定所要设计的家具的形式，这里包括确定各部分的尺寸。

设计首先要进行方案构思，通常是通过透视草图进行方案的推敲、比较，有时可通过使用简单的模型作为研究方案的参考。

家具造型设计必须确定各部分的基本尺寸，而确定这些尺寸的依据是家具的功能尺寸，即按人体工程学的要求，与人体基本尺寸和活动尺度相一致。凳、椅类家具的尺寸，关键是确定座高、靠背高、座深、座面斜度与靠背的倾角以及扶手的高度和宽度。

桌台类家具的尺寸，关键是确定桌面的高度、宽度和容膝空间的大小。桌面高度要与凳、椅高度相匹配。床的主要尺寸是长、宽、高。床长主要决定于身高，在我国多取 1 900 mm～2 000 mm。床宽与睡姿、翻身动作和熟睡程度有关，按照仰卧睡姿，其宽度应为肩宽的 2.5～3 倍，单人床一般取 900 mm，最少不能小于 700 mm；双人床较合适的宽度尺寸是 1 350 mm～1 500 mm。床高与凳、椅高度相似。

在确定贮物家具的尺寸时，要了解贮存物品的种类、存取方式，以及需要空间的大小，既要方便存取，又要考虑与空间环境相协调。

同样的家具，对于不同的使用对象，尺度差别可能很大。男性与女性，成年人与儿童、老年人在家具使用上的要求都会有所不同。

2. 结构设计

家具的结构设计应以坚固、安全、经济为目的。结构部分主要是指承受自重和外部荷载的骨架，结构设计的主要内容是通过简单的受力分析和计算（或估算），确定构件的尺寸和节点的形式。家具的结构设计要注意以下几点。

（1）要使骨架的形式简洁、合理。既要满足受力要求，又简洁大方，达到省工、省料、加工便捷、造型优美的目的。

（2）要同时满足强度、刚度和稳定性的要求。家具稳定性的好坏，关键在接头。一般的榫结合很难形成刚性结点，致使家具常会歪斜或摇晃。金属骨架能形成刚性结点，有较好的稳定性。家具的受力情况很复杂，经常会发生受力不匀，遭受冲击和碰撞等情况。因此，不能仅按静止的设计荷载决定截面的大小，必须留有足够的安全系数。

（3）必须妥善处理好接头的形式。用螺丝连接木构件，刚性较好，但应注意螺丝的数量、直径大小和排列方式，保证能起到近似刚性连接的作用。拼装构件使用胶粘剂是一个发展方向，但要注意胶粘剂的质量。用层压板制作整体骨架也很好，其层数宜在九层以上。

传统的榫卯结合，连接处的截面积受损很大，会降低构件的承载能力，榫头下部如为横纹受压，其承载能力就更低。因此，榫卯结合适用于受力较小的水平构件，加工时应选用较硬的材料，并使开榫及槽尽量严密。

3. 样品制作

家具设计基本完成后，通常要制作样品，以便对设计进行检验和校核，并作适当的修改，最后完成家具的结构装配图。

4. 造价估算

设计定稿后，要进行造价估算，即对制作该家具的工料进行估算。这一工作在批量生产时尤为重要。只有精确计算出成本，才能组织生产，预测生产的效率和效益。

五、家具选用与布置

（一）家具的选用

家具的选用应注意以下几方面。

（1）室内协调性的把握。家具既然是特定空间中的构件，就应考虑在这个空间中的协调性问题，其中尺度的协调是一项重要的内容。大空间通常用大尺度的家具，反之亦然。这样，家具和室内环境才能浑然一体。如果处理不当，那么会使大空间显得空旷，小空间显得拥塞。

（2）空间性格的把握。不同类型的使用空间有着不同的空间性格，在选用家具时应注意与之相一致。例如，公共性空间中的纪念性、交往性、娱乐性空间各具性格特征，居住空间中的起居室、卧室也各有要求。华丽、轻快而活泼的室内氛围最好配色彩明快、形体多变的现代家具；朴素、典雅的室内氛围最好配色彩沉着、形体端庄的古典家具。总之，不同意境的室内氛围要求配置不同形态的家具。

（3）通用性的把握。随着人们生活水平的提高，家具的更新也变得较快，这就要求选择家具要有通用性。这里的通用性有以下两层含义。

① 要求家具造型简洁、大方，适于多种组合却又不影响其使用功能，能满足家具多种布

置的可能，达到"常换常新"的目的。

②要求家具不要过于笨重，要便于搬运。现代人搬迁的频率大大超过以往任何时候，而其中有相当一部分家庭不一定更新家具，这一点在家具选择时也应引起足够的重视。

（4）对总体艺术效果的把握。在选择家具时，必须结合总体环境综合考虑。这是因为任何家具在室内环境中，都不是单一的、孤立的，它应该与其他家具相协调，形成室内家具的统一风格。同样，组群家具又必须和空间环境乃至建筑风格相呼应，形成一个和谐的整体。

（5）便于清洁的把握。家具的造型必须考虑便于清洁的问题。家具和人关系密切，经常接触的把手、椅把等处会出现污垢，所以必须考虑选择便于清洁的家具。

（二）家具的布置

家具的布置不仅与使用功能有直接关系，同时对室内空间组织起重要作用。家具布置应遵守方便使用、有助于空间组织、合理利用空间和协调统一等原则。

家具的布置应结合空间的使用性质和特点，首先明确家具的类型和数量，然后确定适当的位置和布置形式，使功能分区合理，动静分区明确，流线组织通畅便捷，并进一步从空间整体格调出发，确定家具的布置格局和搭配关系，使家具布置具有良好的规律性、秩序性和表现性，获得良好的视觉效果和心理效应。

家具在室内空间的布置方法有周边式布置、岛式布置、单边式布置和走道式布置几种。

（1）周边式布置。沿墙四周布置家具，中间形成相对集中的空间，如图6-1所示。

图 6-1 周边式布置

（2）岛式布置。将家具布置在室内中心位置，表现出中心区的重要性和独立性，并使周边的交通活动不干扰中心区，如图6-2所示。

图 6-2　岛式布置

（3）单边式布置。将家具布置在一侧，留出另一侧作为交通空间，使功能分区明确，干扰小，如图 6-3 所示。

图 6-3　单边式布置

（4）走道式布置。将家具布置在两侧，中间形成过道，空间利用率较高，但干扰较大，如图 6-4 所示。

图 6-4　走道式布置

第二节　室内陈设设计

室内陈设是指一座建筑物内除墙面、地面、顶面和建筑构件、设备外，一切适用的或供观赏的物品。它包括的范围非常广泛，形式多种多样，有家具、织物、艺术品、家用电器、绿化等诸多方面的内容。其中，家具因其体量大，有较强的实用功能，在室内设计中具有重要作用，所以往往将它独立出来，不列入陈设品的范畴。

室内陈设作为室内环境中不可分割的部分，始终以表达一定的思想文化内涵为着眼点。它对于室内功能和价值的体现，空间形象的塑造、环境氛围的表达起着锦上添花、画龙点睛的作用。

一、室内陈设的作用

人们的生活离不开室内陈设，空间的功能和价值要靠陈设的合理性来体现，陈设品对室内环境起着十分重要的作用。

（一）强化空间效果，烘托环境

不同的室内空间，通过界面处理、色彩搭配、家具配置、灯光运用等形成不同的风格和环境氛围，如庄重优雅、亲切随和、深沉凝重、欢快热烈。室内陈设可以进一步烘托各种室内环境。如中餐厅室内装饰设计，往往以中国传统风格为基调，结合中国传统建筑构件，如斗拱、红漆柱、雕梁画栋、沥粉彩画，经过提炼，塑造出庄重典雅、敦厚方正的效果，同时也可通过题字、书法、绘画、器物的摆放，呈现出高雅脱俗的境界。此外，中式百宝阁、大红灯笼的妙用，都能孕育出浓郁的中国传统风格。

再如南方某酒店的苗族餐厅室内设计，将苗族服饰图案大面积运用在餐桌布、顶棚、地面和墙面的装饰上，鲜艳的色彩加上有分量的调和色——黑色，既对比又和谐，构成餐饮空间的基本色调。同时巧妙地将苗族服装、衣带、银项链、头上装饰、耳环等直接镶在墙面上，形成了餐饮环境视觉中心，充分显示出了地方特色的魅力，丰富了餐饮空间的地方艺术韵味。

（二）塑造空间形象，丰富空间层次和视觉效果

1. 划分空间，增加层次

现代室内设计的趋势是争取流动的、具有可变性的空间，而陈设的运用是达到这种目的手段之一。利用帘帐、织物屏风划分室内空间，是我国传统室内设计中常用的手法，具有很大的灵活性和可控性，提高了空间的利用率和使用质量。如我国南方流行的架子床，是在卧室内的大空间里利用床架和帐帘为自己创造一个小私密空间。由于织物的透气性和纱帐的半透明度，又使这个睡眠小空间不是完全封闭沉闷的。又如，地毯可以创造象征性的空间。在同一室内，有无地毯或地毯质地、色彩不同的地面上方的空间，便成为视觉上和心理上被再次划分了的空间，形成了领域感。在同一块地毯上方的空间成为一个活动单元，有的还可以形成室内的重点。

以工艺品和绿化等陈设分隔空间的范围也是十分广泛的。某些大的厅堂、展室、餐厅也往往用陈设品加以分隔。如某宾馆大堂入口，除采用地面分隔方式之外，还在正入口处设置两个瓷花瓶，并结合悬垂织物进行空间分隔，强化室内外空间过渡，丰富空间层次。

2. 引导、联系空间

陈设（绿化）的连续布置，从一个空间延伸到另一个空间，特别是在空间的转折、过渡、改变方向之处，更能发挥空间的整体效果。绿化布置的连续和延伸，如果有意识地强化其突出、醒目的效果，通过视线吸引，就能起到暗示和过渡的作用，强化空间的联系和统一。

3. 突出重点

在大门入口处、楼梯进出口处、交通中心或转折处、走道近端等，既是交通的要害和关节点，也是空间中的起始点、转折点、中心点、终结点等重要视觉中心位置。常放置特别醒目、富有装饰效果的陈设品和名贵植物花卉，起到绿化空间、突出重点的作用。需要注意的是，置于交通路线上的一切陈设，必须不妨碍正常交通和紧急疏散，并按空间大小形状确定其尺度。

4．柔化空间、增添生气

室内陈设以其千变万化的造型、五彩缤纷的色彩、怡人的质感与坚硬的建筑几何形体线条形成强烈的对照。陈设品的运用，使室内空间一改混凝土、玻璃幕墙形成的刚强冷硬，使空间更加柔和，充满生机和活力。如织物的柔软质地，使人感到温暖亲切；一些生活用品、茶具等，使空间等富于人情味；而绿色植物的加入，则可以打破空间沉闷感，使空间生机勃勃，充满灵气，这是其他任何装饰所不能代替的。

（三）陶冶情操、美化环境

从表面看，陈设品的作用是装饰点缀空间、丰富视觉效果，但实质上，它还具有提升生活环境的性格和品质的作用。造型高雅、优美且具有一定内涵的陈设品陈列于室内，不仅可以观赏玩抚，还可以怡情遣性、陶冶情操。这时的陈列品已超越了其自身的美学价值而作为人们自我表现的一种手段，成为某种精神的象征。如树桩盆景，盘根错节，老根新绿，充分显示出自强不息的无限生命力，它的美是一种自然美，洁净、纯正、朴实无华，体现了顽强的生命之美。

（四）反映民族文化和个人爱好

由于室内陈设的艺术造型和风格带有强烈的地方性和民族性。因此，在室内装饰设计中，常利用这一特性来加强民族传统文化的表现。如在日本室内环境设计中，追求宁静、淡泊，室内家具、陈设布置以较矮的茶几形成中心，在茶几周围的椅凳和地面上放置日本式的蒲团（坐垫），陈设日本茶道陶瓷器或漆器，用日本花道的插花、日本式绘画挂轴，以及悬挂竹帘子来增加室内淡雅的氛围。

陈设品的选择与布置，还能反映出一个人的职业特点、性格爱好和修养品味等，是人们表现自我的手段之一。如在"田园式住宅"室内，常出现用石头、粗木砌成的墙面，选用带疤痕的粗纹木材制作家具，竹编藤椅、木凳，墙面挂农具、猎器作为装饰，手工刺绣靠垫、壁毯，毫无修饰的粗布袋装上填充物随意放置，独具匠心，给人以朴素、粗犷、陋野之美，充满浓郁的乡土气息。

二、室内陈设的分类

室内陈设的范围十分广泛，按其作用分为艺术品和实用品两大类。

（一）艺术品

（1）字画。字画又分为书法、国画、西洋画、版画、印刷品装饰画等。其中，书法和国画是中国传统艺术形式，书法作品有篆、隶、楷、草、行之别。国画主要以花鸟、山水、人物为主题，运用线描和墨、色的变化表现肖像写意，具有鲜明的民族特色。传统的字画陈设表现形式有楹联、挂幅、中堂、匾额、扇面等。常见西洋画有水彩、油画等多种类型，其风格多样、流派纷呈，多配画框来悬挂陈列。印刷品的装饰画更是内容丰富、形式多样。

（2）摄影。摄影作品也是室内陈设常用的艺术品，摄影作品因具有很强的纪念意义而有别于绘画，因此陈列摄影作品不但美观，同时也能把人带入美好的回忆中，如婚纱摄影、旅行留念等。

（3）雕塑。雕塑是以雕、刻、塑，以及堆、焊、敲击、编织等手段制作的三维空间形象的美术作品。雕塑的形式有网雕、浮雕、透雕及组雕，常用的材料有石、木、金属、石膏、树脂和黏土等，室内常见的雕塑陈列有泥塑、木雕、石雕、瓷塑、根雕等。

（4）收藏品和纪念品。收藏品内容丰富，形式多样，如古玩、邮票、书籍、CD、花鸟鱼虫标本、奇石、兵器、民间器具等。收藏品既能表现主人的兴趣爱好，又能丰富知识、陶冶情操。纪念品包括奖杯、奖章、赠品等，既具有纪念意义，又具有装饰作用。利用这些来装饰家庭，具有很强的生活情趣。

（5）花艺。室内常见的花艺有插花、盆景。插花就是把有观赏价值的枝、叶、花、果经过一定的技术处理和艺术加工，配以相应的花瓶、花篮等组成艺术品。插花分为鲜花插花、干花插花和人造捕花。

① 鲜花插花即全部或主要用鲜花进行插制。它的特点是具自然之美，色彩绚丽、花香四溢，饱含真实的生命力，其缺点是不能持久。

② 干花插花是把自然的干花或经干燥处理的植物进行插制。既不失原有植物的自然形态美，又可以长久摆放，但不宜在潮湿环境放置。

③ 人造插花花材是人工仿制的各种植物材料有绢花、涤纶花、塑料花等，有仿真的，也有特别设计的。人造花造型多样、形式丰富、便于清洁、不受环境的影响，可较长时间摆放。

盆景是植物观赏的集中代表，是呈现于盆器中的风景或园林花木景观的艺术缩制品。多以树木、花草、山石、水、土等为素材，经过造型处理和精心养护，能在咫尺空间集中体现园林之美。按内容一般分为树桩盆景和山水盆景两大类；按规格分为特大型、大型、中型、小型和微型五种。

（6）工艺美术品。工艺美术品的种类和用材更是广泛，如陶瓷、玻璃、金属等制作的造型工艺品；竹编、草编等编织工艺品；织锦、挂毯等刺绣、蜡染的织物；还有剪纸、风筝、面具等。其中有些是纯艺术品，有些则是将日用品进行艺术加工后形成的、旨在用于观赏的工业品。它们有的精美华丽，有的质朴自然，有的具有浓郁的乡土气息。

（二）日用品

日用品在室内陈设中所占比例较大。日用品在满足实用性的同时也能体现出一定的装饰效果。常用于装饰的日用品有以下几个。

（1）生活器具。如餐具、茶具、酒具、果盘、储藏盒等。它们中有朴实自然的木材，有华贵的金属，有晶莹剔透的玻璃，也有古朴浑厚的陶器，还有色彩艳丽的塑料制品等。这些生活器具在满足日常需要的同时，也能丰富空间装饰效果，富有浓郁的生活气息。

（2）家用电器。如电视机、电冰箱、电脑、电话、音响设备等。这些功能性电器不仅能方便生活，还能体现出高科技特征，使空间富有时代感。

（3）文体用品。如书籍、文具、乐器、体育健身器材等。书籍、文具不仅能丰富人们的精神生活，还能体现出主人的文化修养；钢琴、吉他、小提琴、二胡等乐器既能反映出主人的爱好，又能烘托高雅的氛围；各种体育健身器材则是运动和活力的象征。

（4）灯具。灯具是满足照明需要必不可少的用品，同时又具有很强的装饰性。其造型丰富，材质多样，近年来 DIY 改造灯具也成为一种流行时尚。光色、造型、材质都对室内空间环境有很大的影响。

（5）织物。织物除少数如织锦、挂毯等为艺术品外，大多为装饰品。织物在室内能够很好地柔化空间、营造出温馨的氛围。室内空间中常用到的织物有窗帘、帷幔、帷幕等，它们有分隔空间、遮挡视线、调节光线等作用，一般选择垂性好、耐光、不褪色、易清洗的织物。如床罩、床单、沙发套、台布及靠垫、坐垫等罩面织物，具有保护、挡尘、防污等作用，且装饰性强。罩面织物与人接触密切，宜选择手感好、耐久、易清洗的棉麻、混纺织物。地毯的花色品种很多，主要有机织、簇绒、针刺、枪刺、手工编织等。除了美观外，还具有脚感舒适、隔音、保暖等特点。地毯的铺设方式有满铺、中间铺、局部铺设等。

三、室内陈设的选择与配置

（一）室内陈设的选择

陈设的风格选择必须以室内整体环境风格作为依据，寻求适宜的格调和个性。室内陈设的风格、色彩选择，可以有两种方式：一种是采取和室内风格统一协调的方式，一种是采取和室内风格相对比的方式。前者是比较稳妥的办法，在和谐中得到适当的效果。后者采取对比的方式，得到强调本身的效果，但必须少而精，以免产生杂乱之感。

陈设品的大小、形式应与室内空间、家具尺度取得良好的比例关系。室内陈设应以大统一、小变化为原则，协调统一，多样而不杂乱。陈设品在造型上采用与空间适度的对比是比较可行的，例如在直线构成的空间中，有意安排曲线形态的陈设或带曲线图案的陈设，利用形态的对比产生生动的感受。

陈设品的形式主要从色彩、造型、图案、质地等方面来考虑。

陈设品的色彩在环境中主要起活跃室内氛围的作用，所以大部分陈设品的色彩处于"强调色"的地位。一些大面积的织物、装饰品如窗帘、地毯等可作为背景色，这类陈设品宜选择一些有统一感、与室内本身的环境相协调的色彩。这样，环境有了背景色、强调色的相互巧妙搭配，室内空间就显得活泼丰富。

对于陈设质感的选择，应从室内整体效果出发，不可杂乱无序。原则上，同一空间宜选用相同或类似的陈设品以取得统一效果，尤其是大面积陈设。在部分的陈设上，可采用与背景质地形成对比的效果，更能突出其材质美。不同材质的应用会产生不同的肌理效果，木质的自然，玻璃、金属的光洁，石材的粗糙等对于环境氛围都有影响，特别是对人的心理会造成各种反应。因此，在营造空间氛围时需精心选择。

（二）室内陈设的方式

室内陈设的陈列方式主要有台面陈设、墙面陈设、落地陈设、橱架陈设和悬挂陈设。

1. 台面陈设

台面陈设主要是指将陈设品搁置于水平台面上。台面陈列的范围较广，各种桌面、柜面、台面均可陈列。例如，书桌、餐桌、梳妆台、茶几、矮柜等。台面陈设一般选择小巧精致、宜于微观欣赏的材质制品，并可随时即兴灵活更换。桌面上的日用品常与家具配套放置，选用和桌面协调的形状、色彩和质地，起到画龙点睛的作用，如会议室中的沙发、茶几、茶具、花盆等。

台面陈设要做到放置灵活、构图均衡、色彩丰富、搭配得当、轻重相同、陈置有序、环境融合、浑然一体，如图 6-6 所示。

图 6-6　台面陈设

2. 墙面陈设

墙面陈设一般以平面艺术为主，如书、画、摄影、浅浮雕等或小型的立体饰物，如壁灯、弓、剑等。陈设品在墙面上的位置，必然会与整体墙面的构图，以及靠墙放置的家具发生关系,因此要注意构图的均衡性。墙面陈设的陈列可采用对称式构图与非对称式构图两种形式。对称式的构图较严肃、端正,中国传统风格的室内空间常采用这种布置方式;非对称式的构图则比较随意,适合各种不同风格的房间。

当墙面的陈设品较多的时候,可将它们组合起来,统筹考虑,应注意整体与墙面的构图关系,以及自身的构图关系,如将陈设品排列成水平方向、垂直方向或矩形范围内、三角形范围内、菱形范围内等,如图6-5所示。

图6-5　墙面陈设

3. 落地陈设

落地陈设是将陈设品放置在地面上的陈设方式,适用于体量大或高度高的陈设品,如:木雕、石雕、绿化植物、工艺花瓶等。落地陈设常设置在大厅中心或入口处,形成视觉中心,也可设置在厅室的角隅、墙边或走道的尽端,作为重点装饰,或起到视觉上的引导和对比作用。大型落地陈设不应妨碍人的日常工作和行走路线的畅通,如图6-7所示。

图 6-7　落地陈设

4. 橱架陈设

橱架陈设是一种兼具贮藏作用的陈设方式。其将各种陈设品统一集中陈列，使空间显得整齐有序，尤其是对于陈设品较多的空间来说，是最为实用有效的陈列方式。

橱架陈设适宜陈设体积较小、数量多的陈设品，采用橱架陈设可以达到多而不繁、杂而不乱的效果。布置整齐的书橱书架，可以组成色彩丰富的抽象图案效果，起到很好的装饰作用。壁式博古架，应根据陈设品的特点选择，在色彩、质地上起到良好的衬托作用，如图 6-8所示。

图 6-8　橱架陈设

橱架陈设应注意橱架的造型风格与陈设品的协调关系，以及框架与其他家具、室内整体环境的协调关系。

5. 悬挂陈设

悬挂陈设是指陈设品悬挂于空中，如风铃、植物、织物、吊灯等陈设品常用空间悬挂方式。这种方式能弥补空间过于空旷的不足，并有一定的吸声的效果。居室也常利用角隅处悬挂灯具、绿化或其他装饰品，既不占面积又装饰了枯燥的墙边角隅，如图6-9所示。

图 6-9　悬挂陈设

（三）室内陈设的布置原则

室内陈设的布置须遵循以下几点原则。

（1）格调统一，与整体环境相协调。室内陈设的格调应遵从房间的主题，与室内整体环境统一，也应与其相邻的陈设、家具等协调。

（2）构图均衡，与空间关系合理。陈设品在室内空间所处的位置，要符合整体空间的构图关系，即应遵循一定的构图法则，使陈设品既陈置有序，又富有变化，而且其变化有一定规律。

（3）有主有次，空间层次丰富。将过多的陈设品不加考虑地陈列于室内会产生杂乱无章之感，因此陈设品的陈置应主次分明，重点突出。例如，精彩的陈设品应重点陈设，必要时可加灯光效果，使其成为室内空间的视觉中心；而相对次要的陈设品布置，则应有助于突出主体。

（4）注意观赏效果。陈设品更多的时候是让人欣赏，特别是装饰性陈设，因此布置时应注意观赏时的视觉效果。例如，墙上的挂画，应考虑它的悬挂高度，最好略高于视平线，以方便人们观赏。再如，一瓶鲜花的布置，也应使人能方便地欣赏到它优美的姿态和闻到芬芳的气味。

【本章小结】

本章主要介绍了家具设计、室内陈设设计两部分内容。通过本章学习，读者可以了解家具的发展、分类与作用；掌握家具的设计的原则与过程；掌握家具的选用与配置方法；了解室内陈设的作用和分类；掌握室内陈设的选择与配置方法。

【思考题】

1. 家具的功能体现在哪些方面？
2. 家具有哪些分类分类？
3. 家具布置应遵守哪些原则？如何选用家具？
4. 室内陈设起到什么作用？在选择时要考虑哪些因素？
5. 室内陈设的陈列方式有哪些？

第七章　室内绿化

【学习目标】

➤ 了解室内绿化的内容
➤ 了解室内绿化的发展的作用
➤ 掌握室内绿化的布局和方法
➤ 了解植物的种类
➤ 掌握室内植物的选择方法

第一节　室内绿化的基本知识

室内绿化是近年来出现的装饰美化室内的重要手段。随着人们环境保护意识的增强，回归自然的心愿与日俱增，室内设计也应追求人与自然的高度和谐。在这种"绿色"方向的指引下，人们开始在公共建筑、私人住宅、办公室、餐厅普遍布置花草树木、喷泉假山，用以美化环境，沟通人与自然的关系。今天的室内绿化已不再是随心所欲、信手拈来的简单陈设，而已成为一门独立的艺术，在室内环境艺术设计中占有重要的一席之地。

一、室内绿化的内容

室内绿化是指把自然界中的植物、水体和山石等景物移入室内，经过科学设计和组织而形成的具有多种功能的自然景观。室内绿化就其内容来说，可以划分为两个层次。

第一个层次是盆景和插花，这是一种以桌、几、架等家具为依托的绿化。这类绿化一般尺度较小，通常是作为室内的陈设艺术而存在。

第二个层次是以室内空间为依托的室内植物、水景和山石景。这类绿化在尺度上与人和所在的空间相协调，人们既可以静观，又可以游憩在其中，因而是一种更为公众性、实用性和多样性的绿化形式，在各类建筑中的运用比较广泛。这一层次的绿化就其设计而言，不是在室内工程完成后添加进去的装饰物，而是作为室内环境整体的一部分予以同步考虑；就其技术而言，必须考虑维护室内植物、水景和山石景的有效措施，因而常被室内设计人员所关注。本章介绍的就是这一类室内绿化，包括室内植物、室内水景、室内山石、室内小品。

二、室内绿化的发展

众所周知，人们崇尚大自然、热爱大自然、喜欢大自然、接近大自然，欣赏自然风光、与大自然共呼吸是人们生活中不可缺少的重要组成部分。不仅如此，人们对大自然的热爱，还常常洋溢于各种诗画之中。正因为如此，自古以来我国人民就有踏青、修禊、登高、春游、野营、赏花、游山、玩水等习俗，并且一直延续至今。随着生活水平的提高，人们对欣赏大自然、崇尚大自然和返璞归真的要求将会愈来愈高。

室内绿化在我国具有十分悠久的历史，最早可追溯到新石器时代。考古学家在浙江余姚河姆渡新石器文化遗址中，就已发现了一块刻有盆栽植物花纹的陶块；河北望都一号东汉墓的墓室内也有盆栽的壁画，绘有内栽红花绿叶的卷沿圆盆，置于方形几上，盆为长椭圆形，内有假山几座，长有花草；另一幅也画着高髻侍女，手托莲瓣形盘，盘中有盆景，长有植物一棵，植物上有绿叶红果。

在西方，古埃及就有人们列队手擎种在罐里的进口稀有植物的壁画。古希腊植物学志记载的室内植物共有 500 种以上，并在当时就能制造出精美的植物容器。在古罗马宫廷中，已有种植在容器中的植物，并在云母片作屋顶的暖房中培育玫瑰花和百合花。到了意大利文艺复兴时期，花园已相当普遍，英国、法国在 17～19 世纪已在暖房中培育柑橘。欧洲 19 世纪的"冬季庭园"（玻璃房）已很普遍。自 20 世纪六七十年代以来，室内绿化已受到各国人民的重视而被引进千家万户。

目前，在城市环境日益恶化的情况下，人们对改善城市生态环境的要求已经十分迫切。因此，通过室内绿化把人们的工作、学习、生活和休息的空间变成"绿色的空间"，是改善城市环境最有效的手段之一。与此同时，随着城市和郊区建筑的不断建设，绿地相应减少，人们对绿地都产生的眷恋之情，特别是生活或工作在多层或高层建筑内的人们，更渴望周围有一个绿色的环境。因此，将绿色植物引入室内已不单纯是为了装饰，而是作为提高环境质量、满足人们心理需要不可缺少的因素。正因为如此，室内绿化不仅有利于社会环境的美化和生态平衡，而且有利于人们工作质量和生活质量的提高。

三、室内绿化的作用

在当今提倡回归自然、返璞归真的设计理念下，室内绿化设计已经成为室内设计的一个重要组成部分，与室内设计紧密相联。它主要是利用植物材料结合园林艺术常用的手段和方法，组织、完善、美化室内空间，协调人与环境的关系，使人既不觉得被包围在建筑空间中而产生厌倦感，也不觉得像在室外那样，因失去庇护而产生不安全感。室内绿化主要是解决人—室内空间—环境之间的关系。

总的看来，室内绿化在室内空间中主要有如下几方面的作用。

（一）装饰美化室内空间

绿色植物千姿百态，无论从形、色、质、味，还是枝、叶、花、果，都给人以强烈的美感享受，使人百看不厌，陶醉其中，其自然美丽的艺术审美趣味是其他任何物品都不能替代的。将其放入室内，不但使室内环境富有生机和活力，给人以轻松、愉悦的感觉，还能与建筑实体、家具和设备形成对比，以特有的自然美装饰美化室内空间，增强室内环境的视觉表现力。

（1）具有自然美的绿化可以更好地烘托出建筑空间、建筑装饰材料的美。以绿色为基调兼有缤纷色彩的植物不仅可以改变室内单调的色彩，还可以补充和丰富室内环境的色彩，使其更具变化、更绚丽。形态变化多样的植物可以柔化生硬、单调的几何建筑空间形象，增强内部环境的表现力。

（2）绿化与家具、灯具，以及其他艺术品结合，可形成综合性的艺术陈设，增强艺术效果。

（3）集合盆栽及美丽的花卉，配以喷泉、石材、雕塑、流水等，可以构成室内的园林景观，形成视觉焦点。

（4）用绿化装点室内环境较为呆板的空间，或设计中有较大空地，以及形成死角的区域，如沙发或家具的转角和端头、楼梯的拐角处等，可以使这些空间变得景象一新，充满生机。

（5）绿化在室内组合成条状、曲线、折线、弧形、图形等绿化带，既可以丰富空间的层次，又增添了空间的生机和魅力。

（6）在展示、办公、会议等空间用绿化进行点缀和添补，可以活跃环境氛围，减少严肃、沉闷感。

（二）改善室内空气质量

室内绿化在调节温度、湿度和净化空气等方面具有不可忽视的作用。植物经光合作用可以吸收二氧化碳，释放氧气；而人在呼吸过程中吸入氧气，呼出二氧化碳。通过这一循环过程，可使室内的氧气和二氧化碳达到平衡。同时，通过植物叶子的吸热和水分蒸发可调节室内的气温和湿度，在冬季有利于气温、湿度的保持，在夏季可起到降温隔热作用。树木花草还具有良好的吸音作用，较好的室内绿化能够有效降低噪音，靠近门窗布置的绿化还能有效地阻隔室外噪音的传入。此外，夹竹桃、梧桐、棕榈、大叶黄杨等还可吸收有害气体；松、柏、樟、桉等的分泌物具有杀菌作用，从而达到净化空气、减少空气中含菌量的目的。植物还可吸附大气中的尘埃使空气环境得以净化。

（三）引导和组织室内空间

利用绿化可以引导、分隔、组织空间，表现在多方面。

（1）对空间的提示与导向。现代大型公共建筑的室内空间具有多种功能，特别是在人群密集的情况下，人们的活动往往需要有明确的行动方向。因而，在空间结构中提供暗示与导向是很有必要的，有利于疏导人流和指明活动方向。具有观赏性的植物能吸引人们的注意力，因而常能巧妙而含蓄地起到提示与指向的作用。在空间的出入口、变换空间的过渡处、廊道的转折处、台阶坡道的起止点，可设花池、盆栽作提示，以重点绿化突出楼梯和主要道路的位置。借助有规律的花池、花堆、盆栽或吊盆的线型布置，可以形成无声的空间引路线。

（2）对空间的过渡与延伸。室内空间和室外空间之间，以及室内各空间之间，除了有各自的限定区域，还要有过渡和联系，以形成空间的延续性。空间过渡和联系的方法很多，如通过相同花色地砖的铺设，或墙面、天棚、踏步的延伸都可以起到过渡和联系的作用。但相比之下，将绿化引入室内，使内部空间兼有自然界外部空间的因素，可以更好地形成内外空间的过渡，如在建筑入口处布置花池或盆栽，在门廊的顶棚上或墙上悬吊植物，在进厅等处布置花卉树木，都能使人从室外进入室内时有一种自然的过渡感和连续感。连续的绿化布置从一个空间延伸到另一个空间，特别是在空间的转折、过渡、改变方向之处更能发挥空间的整体效果。此外，借助绿化使室内外景色通过通透的围护体互渗互借，可以增加空间的开阔感和变化，使室内有限的空间得以延伸和扩大。

（3）对空间的限定与分隔。建筑内部空间由于功能上的需要常常划分为不同的区域，如宾馆、商场、大型办公空间等，既要有交通、休息的区域，又要有从事相应活动的空间。传统建筑中常用实体的墙来分隔功能空间，现代设计中更多利用绿化陈设来限定和分隔空间，如在餐饮场所、宾馆大堂等公共空间中，常用花槽、花池、盆栽、绿墙等形成一个个虚拟空间。在住宅室内环境中，也可用绿化来分隔空间，如在两厅室之间、厅室和走道之间以及一些大的厅室内都可用绿化来进行空间的分隔。利用绿化分隔既保持了各部分不同的功能作用，又不失整体空间的开敞性和完整性，同时还丰富了室内空间的层次感，如图 7-1 所示。

图 7-1　绿化分隔与限定空间

（4）调整和装点室内空间。建筑室内空间有时会存在某些缺陷，如空间过高过大，或过低过小，不能适应人的正常尺度感，而利用绿化植物可以改变室内空间感。绿化还可以装点室内空间。在室内空间中，常有一些空间死角不好利用，这些角落可以用绿化来填充和装点。这样，不仅使空间更充实，还能打破墙角的生硬感，增添情趣，如图7-2所示。

图 7-2　用绿化装点室内空间

（5）柔化空间形象。现代建筑空间大多是由直线形和板块形构件所组合的几何体，使人感觉生硬冷漠。而植物花草以其千姿百态的自然姿态、鲜艳夺目的色彩、柔软飘逸的神态、生机勃勃的生命力与冷漠刻板的建筑几何形体形成强烈的对照。利用室内绿化中植物特有的曲线、多姿的形态、柔软的质感、悦目的色彩和生动的投影，可以改变人们对建筑空间的冷漠印象，从而改善原有空间空旷、生硬的感觉，使人感到氛围宜人和亲切，如图7-3所示。

图 7-3　柔化空间形象

（6）增添情趣，陶冶情操。室内绿化形成了具有自然气息的绿化空间，使人们有置身于自然、享受自然风光之感，不论工作、学习、休息，都能心旷神怡，悠然自得，感到无限舒适和愉快。同时，不同的植物种类有不同的枝叶花果和姿色，带给人不同的感受。如苍松翠柏，给人以坚强、庄重、典雅之感；洁白纯净的兰花使室内清香四溢，风雅宜人。此外，东西方对不同植物花卉所赋予的一定含义和象征意义更加强了绿化的作用，使绿化成为人们寄托情感、怡情养性、陶冶情操的精神物品。如我国喻荷花为"出污泥而不染，濯清涟而不妖"，象征情操高尚；喻竹为"未曾出土先有节，纵凌云霄也虚心"，象征高风亮节；称松、竹、梅为"岁寒三友"；梅、兰、竹、菊为"四君子"；喻牡丹为高贵，石榴为多子，萱草为忘忧。在西方，紫罗兰为忠实永恒；百合花为纯洁；郁金香为名誉；勿忘草为勿忘我等。

四、室内绿化的布局

室内绿化的布局可以归纳为点、线、面三种。

（1）点的布局。点与人的视觉相联系，依赖于与周围造型要素相比较而成立，并易从背景面中跳跃出来，形成视觉中心。在室内绿化中，凡是独立或成组设置的盆栽、乔木、灌木、插花、盆景等都可以看成是点状布局，它往往是室内的景观焦点，具有较强的视觉吸引力和装饰性。

安排点状绿化的原则是突出重点。要从形态、质地、花色等各个方面精心挑选绿化，不要在周围堆砌与它的高低、形状、色彩相近的器物，以使点状绿化清晰而突出。

用作点状的绿化可以直接陈设于地面，也可以陈设于几、架、柜、桌上，如在组合沙发形成的角落陈设的盆栽植物，它们都具有点的视觉焦点作用，如图7-4所示。

图7-4　点的布局

（2）线的布局。直接植于地面的绿篱、连续布置的盆栽、或直或曲的花槽等都属于线状绿化布局。线状绿化多用于划分空间，如在大型公共空间中，常用花台、乔木或盆栽等组成各种线形，形成一个个虚拟的空间。有时，线状绿化也用来强调方向，如起指示或引导作用的连续绿化布置，如图7-5所示。

图7-5　线的布局

（3）面的布局。具有较大二维尺度的平面绿化设计都可以看成是面状绿化。成面的绿化多数是用来作背景的。这种绿化的体、形、色等都应以突出其前面的景物为原则，组合比较自由，形式丰富，可成各种几何形状或自由形状。有些面状绿化可用来遮挡空间中有碍观瞻的东西，这时它不是背景，而是空间内的主要景观点。这种面状绿化一定要美观耐看，有丰富多变的层次感。在设计面状绿化布局时，其大小、形状、色彩等要注重与周围环境的协调，如图7-6所示。

图7-6　面的布局

五、室内绿化的方法

室内绿化布置在不同的场所，如酒店宾馆的门厅、大堂、中庭、休息厅、会议室、办公室、餐厅，以及住户的居室等，均有不同的要求。应根据不同的任务、目的和作用，采取不同的布置方式。随着空间位置的不同，绿化的作用和地位也随之变化。一般室内绿化的配置方法可归结以下几种。

（1）主点装饰。把室内绿化作为主要陈设并成为视觉中心，以其形、色的特有魅力来吸引视线，是许多厅室常采用的一种布置方式，它可以布置在厅室的中央。

（2）边角点缀。对于室内难以利用的边角，通常用边角点缀的方法来处理，即选择在这些部位布置各种各样的植物进行空间的点缀。它既填充了剩余的边角空间，又使这些难以利用的边角焕发出生机。如在室内转角处、柱角边、走道旁、靠近边角的餐桌旁、楼梯角或楼梯下部等布置植物，都可起到点缀空间的作用。

（3）结合家具、陈设等布置绿化。室内绿化除了单独落地布置外，还可与家具、陈设、灯具等室内物件结合布置，相得益彰，组成有机整体。这种布置既不占用地面空间，又能增添室内氛围，如图 7-7 所示。

图 7-7　绿化结合家具、陈设布置

（4）沿窗布置绿化。靠窗布置绿化，能使植物接受更多的日照，并形成室内绿色景观，还可采用形成花槽或低台上放置小型盆栽等方式，如图 7-8 所示。

（5）垂直绿化。垂直绿化通常是指采用在室内有高差的部位悬吊绿化植物的方式，如在天棚上、墙面突出的支架或花台、吊柜或隔板、回廊的栏板、楼梯两侧的外部等处，都可以利用植物进行绿化布置。这种布置方法可以充分利用空间，并可以形成绿色的立体环境，增加绿化的体量和氛围，如图 7-9 所示。

图 7-8　在出入口处绿化布置

图 7-9　垂直绿化

第二节　室内植物装饰

一、植物的种类

室内植物种类形态各异，为方便起见，按植物的形态、习性和观赏性可分为以下几类。

（1）草本植物。草本植物是指具有草质茎的植物，一般体形较小、造型优雅，观赏性很强。常分为一二年生植物、宿根植物、球根植物、水生植物等。

一二年生植物的生长周期相对较短；宿根植物的生长周期相对较长；球根植物是指根部呈球状的草本植物；水生植物是指生长在水环境中的草本植物。

（2）木本植物。木本植物是指具有木质茎的植物，例如印度橡树、垂榕、蒲葵、苏铁、三药槟榔、棕竹等等。

（3）藤本植物。藤本植物是指有缠绕茎或攀缘茎的植物，具有优美的造型、独特的韵味，观赏性较强，而且常与室内空廊、构架等配合在一起，形成室内的主要景观。

（4）肉质植物。肉质植物是指具有肉质茎的植物，这种植物一般都喜暖、耐旱，培植、养护都较为容易。

二、室内植物的选择

不同的植物品类对光照、温湿度的要求有所差别。清代陈子所著《花镜》一书提出植物有：宜阴、宜阳、喜湿、当瘠、当肥"之分。一般说来，植物生长的适宜温度为 15 ℃～34 ℃，理想生长温度为 22 ℃～28 ℃，日间温度约 29.4 ℃，夜间约 15.5 ℃。夏季室内温度不宜超过 34℃，冬季不宜低于 6 ℃。室内植物，特别是气生性的附生植物、蕨类等对空气的湿度要求更高。控制室内湿度是最困难的，一般采取在植物叶上喷水雾的办法来增加湿度，并应控制不致形成水滴。喷雾时间最好是在早上和午前，因午后和晚间喷雾易使植物产生霉菌而发生病害。此外，也可以把植物花盆放在满铺卵石并盛满水的盘中，但不应使水接触花盆盆底。植物对光照的需要低光照，为 215 lx～750 lx，大多数要求在 750 lx～2 150 lx，即相当于离窗前有一定距离的照度。超过 2 150 lx 以上，则为高照度要求，要达到这个照度，就需把植物放在近窗或用荧光灯进行照明。一般说来，观花植物比观叶植物需要更多的光照。

植物要求有利于保水、保肥、排水和透气性好的土壤，并按不同品类，要求有一定的酸碱度。大多植物喜微酸性或中性，因此常常用不同的土质，经灭菌后，混合配制，如沙土、泥土、沼泥、腐质土、泥炭土以及蛭石、珍珠岩等。植物在生长期和高温季节，应经常浇水，但应避免水分过多，并选择不上釉的容器。花肥主要有：氯，能促进枝叶茂盛；磷，有促进花色鲜艳果实肥大等作用；钾，可促进根系健壮，茎干粗壮挺拔。春夏多施肥，秋季少施，冬季停施。为了适应室内条件，应选择能忍受低光照、低湿度、耐高温的植物。一般说来，观花植物比观叶植物需要更多的细心照料。

根据上述情况，在室内选用植物时，应首先考虑如何更好地为室内植物创造良好的生长环境，如加强室内外空间联系，尽可能创造开敞和半开敞空间，提供更多的日照条件，采用多种自然采光方式，尽可能挖掘和开辟更多的地面或楼层的绿化种植面积，布置花园、增设阳台，选择在适当的墙面上悬置花槽等等，创造具有绿色空间特色的建筑体系，并在此基础上再从选择室内植物的目的、用途、意义等方面考虑以下问题。

（1）给室内创造怎样的氛围和印象。不同的植物形态、色泽、造型等都表现出不同的性格、情调和氛围，如庄重感、雄伟感、潇洒感、抒情感、华丽感、淡泊感、幽静感等应和室内氛围的要求达到一致。

（2）现代室内为引人注目的宽叶植物提供了理想的背景，而古典传统的室内可以与小叶植物更好地结合。不同的植物形态和不同室内风格有着密切的联系。

（3）根据空间的大小，选择植物的尺度。一般把室内植物分为大、中、小三类：小型植物在 0.3 m 以下；中型植物为 0.3m～1 m；大型植物在 1 m 以上。植物的大小应和室内空间尺度，以及家具比例关系良好，小的植物没有组成群体时，对大的开敞空间，影响不大。而茂盛的乔木会使一般房间变小，但对高大的中庭又能强化其雄伟的风格，有些乔木也可采取抑制其生长速度或用树桩盆景的方式，使其能适于室内观赏。

（4）植物的色彩是另一个需要考虑的问题。鲜艳美丽的花叶，可为室内增色不少，植物的色彩选择应和整个室内色彩取得协调。现在可选用的植物多种多样，对多种不同的叶形、色彩、大小应予以组织和简化，过多的对比会使室内显得凌乱。

（5）利用不占室内面积之处布置绿化。如利用柜架、壁龛、窗台、角隅、楼梯背部、外侧以及采取各种悬挂方式。

（6）与室外的联系。如面向室外花园的开敞空间，被选择的植物应与室外植物协调。植物的容器、室内地面材料应与室外一致，使室内空间有扩大感和整体感。

（7）养护问题。这包括修剪、绑扎、浇水、施肥。对悬挂植物更应注意采取适当供水的办法，避免冷气和穿堂风对植物的伤害，对观花植物予以更多的照顾。

（8）注意少数人对某种植物的过敏性问题。

（9）种植植物容器的选择。应按照花形选择其大小、质地，不宜突出花盆的釉彩，以免遮掩了植物本身的美。可利用化学烧瓶养花，简捷、大方、透明、耐用，适合于任何场所，并透过玻璃观赏到美丽的须根、卵石。

三、居住建筑环境植物装饰

在进行住宅的室内环境植物装饰设计时，应根据不同的房间特点进行考虑，使不同功能的居室环境各具特色，家庭生活空间更加舒适宜人。

（一）客厅

客厅是家庭接待、团聚、休息、议事等的多功能活动的场所，是家庭的活动中心。总体上应给人以热情、温暖、丰富多彩之感。用植物进行装饰时，一定要注意数量不宜太多，种类宜单纯。太多不仅显得杂乱，而且生长不好。最好能根据季节的变化更换植物种类或花器。客厅内放置的植物切勿阻塞出入路线，忌放置在客人和主人之间，影响视线，给人不方便之感，如图 7-10 所示。

图 7-10　客厅的植物装饰

　　客厅是植物装饰的重点，最好能与家具配合。如在大型盆栽植物旁选用一些竹、藤类家具，使人有身处大自然的感受。客厅中常有博古架之类的家具，依架内位置，可分别摆放盆景、插花、根艺、古玩及收藏的陶瓷艺术品等，展示主人的文化审美品位。同时，也可结合人工照明进行装饰，给人温馨而富丽堂皇之感。

　　（二）卧室

　　卧室内植物装饰要求协调自然。面积较小的卧室，植物安排要小而精，以插花为主。较大的卧室向阳的角隅可适当放置一两盆中型植物。

　　一般的卧室摆放床后余下的面积往往有限。因此，植物装饰要尽可能地利用空间。如化妆台上装饰一瓶插花，像小盆仙客来、蕨类、竹芋类观叶植物。角隅处可布置巴西铁树、袖珍椰子等。在向阳的窗台上装饰 1～2 盆小型米兰、茉莉、仙人球、山影拳、扶桑、月季、石榴、仙客来等；或临窗吊挂一盆金边吊兰、月光花等。有沙发的卧室内，在沙发中间的茶几上，装饰一瓶插花或水养一盆亭亭玉立的水仙，或摆放一盆兰草，在沙发旁再摆放一盆矮棕竹，这样就构成了比较完整的室内装饰。如图 7-11 所示为卧室的植物装饰。

　　（三）餐厅

　　用餐是每个家庭生活中必不可少的内容，同时餐厅又是招待客人的窗口。所以，餐厅室内的植物设计要有助于增进食欲，融洽感情。

图 7-11　卧室的植物装饰

　　在餐厅周围，可摆放色彩缤纷的中型观花或观叶植物。按不同季节进行更换，如春季用春兰，夏季用彩叶草，秋季用秋菊，冬季用一品红等。

　　餐桌上的植物装饰不宜繁杂，在色彩、大小等方面要与餐桌相协调。在家庭宴会上，还可以用盆插花卉装饰餐桌。在餐厅即使一小瓶插花，其生趣盎然的花朵与绿叶令进餐者心情舒畅，增加食欲，如图 7-12 所示。

图 7-12　餐厅的植物装饰

（四）厨房

有些家庭似乎不太注重厨房的整洁与陈设。锅碗瓢盆乱扔，加上油烟、灰尘，厨房就成了整个居室中最脏乱的空间。其实，只要进行必要的整理，并给予适当的点缀装饰，如放置一些小型植物，厨房就可以变成轻松气氛的空间。

现代的厨房，面积较大。植物装饰要充分利用窗台、橱柜、工作台等，以小型花卉装饰，如图 7-13 所示。瓷砖对植物的碧绿色有良好的衬托，蕨类、鸭趾草、吊兰是适宜的种类，也可利用唐菖蒲等切花。

图 7-13　厨房中小型植物的装饰

一些蔬菜可兼作观赏之用，如南瓜、苦瓜、番茄、辣椒、土豆、菜花。一些蔬菜的剩余部位，如萝卜、球茎甘蓝等带叶的茎端部分插于盛水浅盆中，或葱、蒜等分栽于窗台上，观赏之外也可随时采摘食用。待用的莴苣、花椰菜、四季豆等，注意摆放，也相当于一种花卉植物，装饰风格别具一格。

（五）卫生间

卫生间的植物装饰应以整洁、安静的格调为主。卫生间内能布置植物的地方有限，所以，应多选用小型的植株，多利用墙面挂靠。注意不要妨碍盥洗室的功能，不要太靠近洗脸盆、便器放置植物。

装饰卫生间的植物，要选择本身适应性强的品种，如藻类、冷水花等。卫生间内一般不必做特殊装饰，若在台面上、窗台上、贮水箱上放置一支小瓶，插上一朵小小的花朵或放置一小盆绿茵茵的小草，会使沉静的空间顿时生动起来，如图 7-14 所示。花朵和小草还可以创造清爽洁净的感觉。室内有放置肥皂、清洁剂等用品的小架，可用它们摆放一些观赏植物。在卫生间的上方如留有露明管道，可以用来吊挂悬垂植物。

图 7-14　卫生间中小型植物的装饰

（六）窗台和阳台

窗台植物装饰增加了居室与外界自然交接的媒介，使室内获得良好的城市景观。窗台的植物装饰，要注意构图的美感。每放置一株植物，均要做到有新意。植物布置时要留有余地，使植物的各株充分伸展。注意层次分明，适当分类，及时调整，南北结合，色彩搭配。

窗台的植物一般用盆栽的形式，以便管理和更换。窗台处日照较多，且有墙面反射，应尽量选择喜阳耐旱的植物。

由于阳台上阳光充沛，可放置喜阳耐旱的植物。同时，较大的阳台可以做个植物角，与水景、棕架配合，形成一个优雅的阳光室。此外，布置一组茶几与藤椅，就是人们休闲交流的好地方，如图 7-15 所示。

图 7-15　阳台的植物装饰

【本章小结】

本章主要介绍了室内绿化的基本知识与室内植物装饰两部分内容。通过本章学习，读者可以了解室内绿化的内容、发展及作用；掌握室内绿化的布局和方法；了解植物的种类；掌握室内植物的选择方法。

【思考题】

1. 什么是室内绿化？室内绿化有哪些作用？
2. 室内绿化有哪些布局和配置方法？
3. 如何选择室内植物？
4. 如何对建筑出入口进行植物装饰设计？
5. 如何对居室中餐厅进行植物装饰设计？

第八章　建筑室外装饰设计

【学习目标】

➢ 了解建筑室外装饰设计的内容和原则

➢ 熟悉建筑外立面的形式

➢ 掌握建筑外立面的装饰色彩设计方法

➢ 掌握建筑入口、阳台、墙柱面的装饰设计

➢ 掌握建筑外环境的绿化景观、室外小品、室外水体和铺装设计

第一节　建筑室外装饰设计基本知识

建筑室外装饰设计包括建筑外部设计（见图 8-1）和建筑外部环境设计（见图 8-2），其目标是创造一个优美的建筑外部空间环境。随着生活质量和品位的不断提高，人们对生活的室内外环境乃至城市环境有了较高的要求，建筑的外部装饰设计也变得相当重要。建筑外部装饰设计就是运用现有的物质技术手段，遵循建筑美学法则，创造优美的建筑外部形象，营造出满足人们生产、生活活动的物质需求和精神需求的建筑外部空间环境。

图 8-1　建筑外部设计

图 8-2　建筑外部环境设计

一、建筑室外装饰设计内容

外部装饰设计包括建筑外观装饰设计和室外环境设计两部分。

建筑外观装饰设计是为建筑创造良好的外部形象，包括建筑外观造型设计、色彩设计、材质设计、建筑局部和细部设计等。

建筑室外环境设计是对建筑附属的室外小环境进行创造设计。其设计的主要内容有建筑外部空间组织设计，建筑外部地面的铺地设计，建筑外部灯光、灯具的设计，建筑外部的广告、标志的设计，建筑外部绿化的设计，建筑外部雕塑、外景、小品的设计，建筑外部公共设施的设计等。

二、建筑室外装饰设计的原则

建筑室外装饰涉及了造型艺术的所有形式，因此在设计中首先应该满足各自的设计创作准则，同时，为了让所有的艺术手段在建筑外部和外部环境中获得整体的艺术效果，通常必须考虑以下原则。

（1）与"大环境"的协调。建筑室外装饰设计属于环境设计的一部分。从环境的角度去理解，建筑与其相关的室外空间所构成的室外空间环境只是一个小环境，而这种小环境必定处于某个特定的环境内，可以将这个特定的环境称为"大环境"。这个"大环境"可能是城市的某个片区、某条街道，或是某个风景区、保护区，甚至可能是山冈、田野。因此，在设计前，必须对这种"大环境"的特征、氛围和相关要求做相应的了解，以免在设计中出现"大""小"环境间的冲突和不协调。

（2）总体风格上的统一。建筑室外空间环境与建筑的外观、室外小品、陈设、绿化等都有密切的关系，而这些又都与建筑的风格有着直接或间接的关联，所以在设计中应注意力求总体风格的统一。这种统一并不意味着绝对的统一，而是指在一种主导风格统一下的适当变化。因此，应注意避免因过多风格的运用而造成无风格或总体关系的混乱。

（3）室外环境应与主体建筑相称。建筑室外环境应在规模、内容等方面保证与主体建筑建立良好的关系。在小型办公楼前留出大片空间或大型剧院前无广场或空地，这样处理就连正常的使用都无法满足或适应，也就更谈不上什么效果了。在室外环境的内容选用上也应注意与主体建筑的一致性。若在纪念性建筑前用上一组大型音乐喷泉，在氛围上显然不协调，只会造成主题的削弱。

（4）建筑外部装饰应有助于体现建筑的性格。建筑的性格是指不同类型建筑所呈现的不同的外部特征。它体现了不同建筑的使用特征，同时也是建筑可识别性的基础。在建筑外部装饰处理上应根据不同的建筑做不同的处理。若将商业建筑外部的富丽、醒目用于居住建筑上，则大大破坏了居住的安宁氛围。可见，并非投资多、用材高档便一定能获得好的效果，而应把握该建筑的性格特征，做到恰当适合。

（5）避免过多的视觉中心。室外空间环境设计是通过外部环境的处理烘托主体建筑的氛围；在外部环境的处理上，应注意有主有次，重点突出。切忌将各处均做重点处理，造成过多的视觉中心点，冲淡主体氛围，同时也应避免出现无味中心的现象。

第二节　建筑外部装饰设计

一、建筑外立面的形式

建筑外立面的形式主要有以下三种。

（1）整片式。整片式构图是一种较为简洁的处理方式，富有现代感。具体可分为两种形式：一种是封闭型的；另一种是开放型的。封闭型立面采用大片实墙面，刻意创造一种不受任何外界干扰的室内环境，并利用大片实墙面，布置新奇的广告以吸引顾客。

开放式则是为了创造一种室内外空间相互融合、相互渗透的环境氛围，以增强室内外空间的联系，丰富空间层次。

开放型的墙面大多采用大片玻璃，常用的有普通隔热玻璃、镜面玻璃幕墙等饰面材料。采用玻璃幕墙在白天、晚上有两种不同效果，白天玻璃幕墙可反映周围环境的热闹景象，而晚上灯火辉煌的室内空间，将五彩缤纷的室内商品和熙熙攘攘的购物人流展现在行人面前，产生吸引人入店的魅力，激起人们的购物欲望。

（2）分段式。分段式是指建筑外立面在垂直方向的划分。一般在建筑中多采用三段式划分，即屋基、屋身和屋顶，这主要由建筑的性质所决定。一般作为商业建筑的屋基较空透，主要用作商店的广告宣传。

屋身在整个造型中所占比例较大，往往采用水平、垂直和网格的划分。水平方向划分使建筑造型显得轻快、平和；垂直划分造成高耸、挺拔的效果；网格划分有图案感。檐口部分作为整体的结束部分通常与屋身采用对比的处理手法。

商业建筑三段式处理能较自然地反映建筑内部的空间使用性质，长期以来一直被广泛采用，但也应避免采用千篇一律的划分方式，。和拓展。

（3）网格式。网格式构图充分反映出建筑结构的特点，现代建筑越来越多地采用框架结构。在建筑立面处理时，根据框架的布置和功能使用要求，可采用网格的划分方式。

然而，由于网格的立面形式较平淡，建筑师往往通过改变窗间墙的比例，在转角处将玻璃的尺度加大、变化，赋予原有钢筋混凝土结构建筑以现代的、富有变化的外观形式。

二、建筑外立面装饰色彩设计

建筑立面的色彩设计主要包括墙体、地面、入口、门窗、屋顶、细部等几个部分，并考虑各部分之间的色彩关系。

（一）墙体

墙体在建筑立面中占有很大的比重，所以，墙体的颜色自然成为建筑的主色调。墙体的颜色应注意与周边环境的色彩相协调，并考虑建筑的功能。墙面的色彩设计可以分为单色型、彩色型和明暗型。

（1）单色型。单色型是指墙体采用单色调或单一色调配以无彩色的类型。单色型具有单纯鲜明的造型效果，如米黄色、蓝色、淡绿色等。单色型由于明暗、色调的差别可以形成丰富的变化，是建筑立面色彩造型中应用最为普遍的一种。

（2）彩色型。彩色型是指墙体采用不同的色彩，具有丰富多变的效果。在色彩设计时应注意不同色彩之间的协调，注意色彩面积对色彩协调的影响。在墙体上大面积采用高纯度的颜色容易使人感到疲劳，而大面积地使用低明度色彩又会使人感觉沉闷，以选用明度高、纯度低的色彩为宜。

墙体在整个建筑中占有相当大的面积，从某种意义上讲相当于背景的作用，因此，色彩种类不宜过多，否则容易产生杂乱无章的不协调感。

（3）明暗型。明暗型是指无彩色的黑白灰，黑白灰分明的明暗层次给人以丰富和条理清晰的感觉。明暗型很容易与各种色彩的建筑环境匹配，在浓艳的色彩环境中，明暗型具有群体调节作用和自身强调作用。明暗型倾向于表现庄严、朴素的氛围。

（二）入口

各种建筑由于功能不同，色彩的使用也多种多样。政府办公楼、金融类建筑表现的是一种稳重、大方的感觉，因此，色彩一般都使用浅灰、灰等一些素雅的色调；而宾馆、餐厅等一些需要表达与人的亲和感的建筑，色彩会选用乳白、红、黄等一些温馨的色调。正确处理入口与整个建筑的色彩关系，可以使用调和色或同类色形成一种整体美，也可以使用对比色来达到突出入口的目的。

（三）门窗

门窗的形状、分布和色彩等影响着建筑立面的构图。门窗的色彩造型可以使用以下几种方法。

（1）在门窗的局部构件上使用不同的色彩。

（2）直接使用构成门窗的各种颜色的玻璃，形成建筑立面丰富的色彩变化。

（3）使用彩色玻璃和彩色墙面配合，共同创造建筑立面、营造室内彩色光线的效果。

（四）地面

一般情况下，建筑地面的色彩不应引人注目，通常自然地与建筑物区分。但在可供人们观赏和停留时间较长的地方，地面的色彩设计就具有不同的意义。在人们休息逗留的广场，地面的色彩造型常设计成优美的图案，使人赏心悦目；在道路的交界和人口附近的地面上，常用标志性的色彩图为人们导向。

（五）屋顶

屋顶也是建筑具有表现力的元素之一。在设计屋顶时除了屋顶自身的色彩之外，还应考虑与天空的色彩关系及屋顶与墙体的关系。

建筑屋顶的轮廓是通过屋顶与天空的色彩对比显示出来的。天空一般呈现冷色调，也是室外最明亮的部位。当屋顶的色彩采用低明度时，与天空形成明暗对比，有利于表达屋顶的轮廓线，使建筑的上部形象清晰。屋顶采用暖色调时，与天空形成色彩的冷暖对比，有利于加强建筑的鲜明感。在设计屋顶的色彩时，还应注意屋顶与其他建筑构件的关系，这样有利于形成建筑立面的整体感。

三、建筑外局部装饰设计

（一）入口装饰设计

入口是建筑中人流的主要通道。它是建筑中与人关系最为密切的部位，是室内外空间的转换点，同时也是整个建筑构图的重点部位。人们欣赏建筑时，往往特别注意入口建筑与整体的比例、位置是否合理、协调，当人们进入建筑时，入口往往给人们留下了对建筑的第一印象。入口是建筑内部空间序列的序曲，无论从建筑的使用功能还是从建筑造型要素来看，入口对于每一幢建筑都是极其重要的部分。因此，如何设法突出建筑入口，是每个设计者要精心考虑的问题。

入口的装饰设计处理手法主要有以下几种。

（1）升高入口。通过入口与地面的高度差、地面与入口的梯步过渡处理入口，使升高的入口在视觉上更加明显，让人一目了然。升高的入口通常与一组台阶相结合，大型公共建筑为了便于疏散，台阶常常做得较宽大。这时，上升的台阶具有一定的导向性，这些都进一步强化了入口。对称构图的升高处理还能增强建筑的雄伟、庄重的氛围。

（2）夸张入口。夸张入口是指通过对入口的夸张处理强调入口在建筑中的位置，如用两层、三层的高度来强化建筑入口，这种夸张入口往往也成为该建筑构图的中心。

（3）凸出、凹进的入口。将入口部分做凸出或凹进的处理，也是处理入口的常用方法。凸出处理造成建筑物的实体外突，以取得醒目的效果。入口凸出的处理常表现为与入口相关的建筑形体的突出、入口上部外挑的处理和入口前廊道处理等三种方式。凹进的入口方式则较含蓄，是通过入口的退让产生一种容纳和欢迎的暗示。凹进的入口常通过柱、花坛、台阶的配合以加强引导性。

（4）非矩形入口。非矩形入口是通过入口，以及与入口相关部分几何形体的变化来强化入口的处理方法。常用的几何形状有三角形、圆拱形等。这种处理手法应注意入口与建筑整体构图上的协调。

（二）阳台装饰设计

住宅建筑、旅游建筑一般都设置阳台以沟通室内外环境。阳台通常分为外挑式（见图8-3）和内凹式（见图8-4）两种类型。外挑式阳台在平面上有矩形、梯形、半椭圆形、半圆形等形式，一般矩形平面可利用面积最大，梯形、半椭圆形、半圆形阳台外观活泼秀气。

图 8-3　外挑式阳台

图 8-4　内凹式阳台

外挑阳台一般采用混凝土栏板及扶手杆。有的外挑阳台采用钢化玻璃栏板及不锈钢扶手，对外的通透性很强。南方地区的外挑阳台很多不用栏板而采用圆钢或方钢栏杆，做成各种图案。这种阳台的透风性能较好。内凹式阳台占用建筑面积，人的视野角度受限，外观效果不如外挑阳台。在大型公共建筑中，有的外挑阳台互相连通，形成外挑廊，可供顾客或游人活动及观景。

（三）墙、柱面装饰设计

墙、柱面是建筑外部的表面层，具有保护墙体和装饰立面的功能。外墙面装饰应先满足其防雨、耐暴晒、耐腐蚀和耐久等方面的性能要求，并在此基础上考虑其装饰性的效果，使两者构成有机的统一体。

墙、柱面装饰既可以参与整体立面构图，也可以通过局部的变化以强调重点。这种局部强调多用于建筑的底层和二层，因为它与人的关系较近，人们能直接地感受到这种变化所产生的效果。在墙柱、面装饰设计中，应处理好材质、色彩、分格线三者的效果和相互关系。

1．材料与质感

可用作外墙装饰的材料种类较多，如石材、砖、金属面板、陶瓷类面砖、水泥砂浆、涂料等。不同的装饰面材具有不同的质地，同种材料加工方法不同也可获得不同的质感效果，如混合水泥砂浆通过拉毛、抹光、弹涂等不同的施工处理可获得不同的装饰质感。外墙材料的光洁与粗糙是其较为明显的两种质感特征。粗糙的石材、砖、拉毛混凝土常给人以粗犷和力度感；而金属面板、玻璃、面砖、涂料表面则较光滑、细腻，常给人一种精细的感觉。

在建筑构图上，通常应上轻下重，所以光洁材料常用于建筑上部，粗糙材料常用于建筑下部，以加强其稳定性。在视觉上，材料的粗糙感只有在人与墙面较近时才能感受到，这也正是粗糙材料常被用于底层的原因。此外，粗质材料常用于体量较大的建筑上，以加强其高大和雄壮的效果，若用于小尺度建筑上，则可能在视觉上造成混乱。

墙面装饰材料质感的对比能加强其装饰效果，材料的粗糙和光洁是相对的，将面砖、玻璃、金属面板同时在某墙面上使用，很难体现其光洁的效果；若将玻璃与石材配合使用，则两者的质感都能得到充分的发挥。这种对比在建筑局部装饰中运用得当，就可以获得较好的效果。

2．色彩

色彩是装饰设计中最活跃、最积极的因素，外墙、柱面的色彩处理很容易产生较为强烈的效果。因此，对色彩的应用必须得当，否则就会给人们带来视觉上的不适和心理上的不良反应。在外墙、柱面的色彩处理上应注意以下几个问题。

首先，应注意与周围环境色的协调统一。建筑外墙色彩基调的确定，一定要注意与周围环境色的关系，应使基调色彩与环境色相协调。大片墙面的用色不宜采用纯度高的颜色，也就是说整个外墙的色彩宜清新、淡雅些，重点色可用在小面积墙、柱面上，这样才能保证总体的色彩效果。

其次，外墙用色宜少不宜多，且应以其中一种为主，其他的作为配角。多种颜色交织使用在总体上很难协调，且容易造成繁琐和杂乱。因此，建筑用色常以同一色彩的明暗变化或以某个灰白色调进行处理，这样可以获得较为协调的色彩关系；不同的色彩，特别是对比色的使用必须慎重，在设计中应多推敲，多做色调方案比较，以获得良好的色彩关系。

3. 分格线

外墙面装饰中分格线的应用能产生一定的装饰效果，如分割大片的墙面，打破呆板和乏味，增强外墙面的方向感，整理、统一外墙面构图。分格线是从装饰效果出发，结合墙面施工缝线对墙面进行的划分处理。分格线在外墙上以凹进或不同的色彩加以强调，可根据外墙构图的需要做水平线、垂直线、方格网、矩形网格和其他几何形状的分格。分格的大小应与建筑的体量、尺度相称，格缝的宽度则应考虑到人的视觉感受。

第三节　建筑外环境设计

一、绿化景观设计

绿化植物是建筑外部景观设计中的关键要素，是美化环境的重要手段，具有净化空气、调节和改善小气候、除尘、降噪等功效。

（一）绿化景观设计基本原则

绿化景观设计基本原则主要有以下两个。

（1）尊重自然原则。保护自然景观资源和维护自然景观生态及功能，是保持生物多样性及合理开发利用资源的前提，是景观持续性的基础。因此，因地制宜地结合当地生物气候、地形地貌进行设计，充分使用当地建筑材料和植物材料，尽可能保护和利用地方性物种，保护场地和谐的环境特征与生物的多样性。

（2）景观美学原则。突出景观的美学价值，是现代景观设计的重要内涵。绿化设计必须遵循对比衬托、均衡匀称、色调色差、节奏韵律、景物造型、空间关系、比例尺度、"底、图"转化、视差错觉等美学原则，创造出赏心悦目又具精神内涵的景观。

（二）绿化景观设计形式

绿化景观设计形式主要有以下三种。

（1）规则式。规则式是指景园植物成行成列等距离排列种植，或作有规则的重复，或具规整形状，多使用植篱、整形树、模纹景观和整形草坪等。花卉布置以图案式为主，花坛多为几何形，或组成大规模的花坛，草坪平整且具有直线或几何曲线型边缘等。规则式常有明显的对称轴线或对称中心，树木形态一致，或人工整形，花卉布置采用规则图案。规则式景观布置具有整齐、严谨、庄重和人工美的艺术特色。

（2）自然式。自然式是指植物景观的布置没有明显轴线，各种植物的分布自由变化，没有一定的规律性。树木种植无固定的株行距，形态大小不一，充分发挥树木自然生长的姿态，不追求人工造型。充分考虑植物的生态习性，植物种类多性样，以自然界植物生态群落为蓝本，创造生动活泼、清幽典雅的自然植被景观，如自然式丛林、树林草地、自然式花池等。

（3）混合式。混合式是规则式与自然式相结合的形式，通常指群体植物景观（群落景观）。混合式植物造景吸取了规则式和自然式的优点，既有整洁清新、色彩明快的整体效果，又有丰富多彩、变化无穷的自然景色。

二、室外小品设计

室外建筑小品是构成建筑外部空间的必要元素。建筑小品是功能简明，休量小巧，造型别致并带有意境、富有特色的建筑部件，起到丰富空间、美化环境的作用。艺术处理、形式美的加工，以及同建筑群体环境的巧妙配置，都可构成美妙的画面。

（一）建筑小品设计原则

建筑小品设计应遵循以下原则。

（1）建筑小品的造型要考虑外部空间环境的特点及总体设计意图，切忌生搬乱套。

（2）建筑小品的设置应满足公共使用时的心理行为特点，主题应与环境内容相一致。

（3）建筑小品的材料运用和构造处理，应考虑室外气候的影响，防止腐蚀、变形、褪色等现象的发生而影响整个环境的效果。

（4）对于批量采用的建筑小品，应考虑制作、安装的方便，防止变形、褪色等。

（二）室外建筑小品的种类

建筑小品的种类主要有以下两种。

（1）兼有使用功能的室外建筑小品。兼有使用功能的室外建筑小品是指具有一定实用性和使用价值的环境小品，在使用过程中还体现出一定的观赏性和装饰作用，如图 8-5 所示。它包括交通系统类景观建筑小品、服务系统类建筑小品、信息系统类建筑小品、照明系统类建筑小品、游乐类建筑小品等。

图 8-5　兼有使用功能的室外建筑小品

（2）纯景观功能的建筑小品。它只是作为观赏和美化作用的小品，如雕塑、石景等。这类建筑小品可丰富建筑空间，渲染环境氛围，增添空间情趣，陶冶人们的情操，在环境中表现出强烈的观赏性和装饰性，如图 8-6 所示。

图 8-6　纯景观功能的建筑小品

三、室外水体设计

景观中的水体形式有自然状态下的水体和人工水景两种，人工水景的形态可分为静态水景和动态水景。

（1）静态水景。静态水景指水体运动变化比较平缓、水面基本保持静止的水景。静态水景通常以人工湖、水池、游泳池等形式出现，并结合驳岸、置石、亭廊花架等元素形成丰富的空间效果。现代景观设计中更注重生态化设计，提倡"生态水池"的设计理念，如图 8-7 所示。

图 8-7　静态水景

（2）动态水景。动态水景由于水的流动产生丰富的动感，营造出充满活力的空间氛围。现代水景设计通过人工对水流的控制（如排列、疏密、粗细、高低、大小、时间差等）并借助音乐和灯光的变化产生视觉上的冲击，进一步展示水体的活力和动态美（见图 8-8），主要有喷泉、涌泉、人工瀑布、人工溪流、壁泉、跌水等。

图 8-8　动态水景

在进行水景设计时，要注意以下几点。

（1）水景形式要与空间环境相适应。根据空间环境特点选择设计相应的水景形式，如广场体现热烈、欢快的氛围，适宜喷泉；居住区需要宁静的环境，适合溪流、跌水等。

（2）水景的设计要结合其他元素，如山石、绿化、照明等，以产生综合的效果。

（3）水景的设计尽量利用地表水体或采用循环装置，以节约资源，重复使用。

（4）注意水体的生态化，避免出现"一潭死水"或水质不良的情况。

四、地面铺装设计

地面铺装是指使用各种材料对地面进行铺砌装饰，包括各种园路、广场、活动场地、建筑地坪等。作为景观空间的重要界面，它和建筑、水体、绿化一样，是景观艺术的重要内容之一。

（一）道路铺装作用

道路铺装景观具有交通功能和环境艺术功能。最基本的交通功能可以通过特定的色彩、质感和形状加强路面的辨识性、分区性、引导性、限速性和方向性，如减速带等。环境艺术功能通过铺装的强烈视觉效果起着划分空间、联系景观，以及美化景观等作用。

（二）铺装元素

景观设计中铺装材料很多，但都要通过色彩、纹样、质感、尺度和形状等几个要素的组合产生变化。根据环境不同，可以表现出风格各异的形式，从而形成变化丰富、形式多样的铺装，给人以美的享受。

（1）色彩。在铺装设计中有意识地利用色彩变化，可以丰富和加强空间的氛围。如儿童游乐场可选用色彩鲜艳的铺装材料，符合儿童的心理需求。另外，在铺装上要选取具有地域特性的色彩，这样才可充分表现出景观的地方特色。

（2）纹样。铺装设计中，纹样起着装饰路面的作用，以其多种多样的图案纹样来增加景观特色。

（3）质感。质感是人通过视觉和触觉而产生的对材料的真实感受。铺装的美，在很大程度上要依靠材料质感的美来体现。

（4）形状。铺装的形状是通过平面构成要素中的点、线、面得以体现的，如石纹、冰裂纹等，使人联想到郊野、乡间，具有自然、朴素感。

【本章小结】

本章主要介绍了建筑室外装饰设计基本知识、建筑外立面装饰设计和建筑外环境设计部分内容。通过本章学习，读者可以了解建筑室外装饰设计的内容和原则；熟悉建筑外立面的形式；掌握建筑外立面的装饰色彩设计；掌握建筑装饰入口、阳台、墙柱面的装饰设计；掌握建筑外环境的绿化景观、室外小品、室外水体和铺装设计。

【思考题】

1. 建筑室外装饰设计要遵循哪些原则？
2. 建筑外立面的形式有哪几种？
3. 入口的装饰设计处理手法有哪几种？
4. 如何对阳台进行装饰设计？
5. 绿化景观有哪几种设计形式？
6. 建筑小品设计的原则是什么？

第九章 不同类型的建筑装饰设计

【学习目标】

➢ 了解居住建筑的组成及其装饰设计要点
➢ 掌握起居室、卧室、餐厅、厨房、卫生间的装饰设计
➢ 掌握办公建筑室内装饰设计方法
➢ 掌握商业建筑营业厅和商业店面的装饰设计方法
➢ 掌握餐饮类建筑室内装饰设计方法
➢ 掌握旅游建筑室内装饰设计方法
➢ 掌握娱乐性建筑室内装饰设计方法

第一节 居住建筑室内装饰设计

居住建筑是供人类家庭生活起居用的建筑物，其最基本的功能是为人们提供除工作以外的休息、学习和日常生活场所。随着人们生活水平不断改善，人们对自己的生活环境质量要求也在逐步提高，建造一个悠闲、雅致、充满情趣且具有个性化的居室已渐渐成为大多数人所追求的目标。

一、居住建筑的组成及装饰设计要点

人类生活的主要内容包括工作、休息、娱乐三个方面，而居住建筑的主要功能就是为人们提供休息的场所，如睡眠、进餐、交流等。根据休息的特征，居住建筑由功能不同的空间所组成，其装饰设计也有着与其他类型建筑的显著不同的特点。

（一）居住建筑的空间组成

通常，居住建筑的空间主要由以下几部分组成。

（1）门厅。居住建筑的门厅（也称玄关），是指居室对外的出入通道，是室内的外过渡空间，也是放置鞋、帽、雨具等物品的区域。

（2）起居室。起居室也称客厅，是接待来访客人和亲朋好友、家人聚会，以及进行家庭娱乐活动的休闲场所，是家庭生活的公共活动区域之一。

（3）卧室。卧室是供人睡眠和休息的空间。它具有睡眠、休息、梳妆和贮存的功能，同时也兼有学习和视听休闲的功能。卧室是一个私密性较强的空间区域。

（4）餐厅。餐厅是家庭进餐的场所，也是宴请亲朋好友或休闲娱乐的场所，是家庭生活中又一个公共活动区域。

（5）厨房。厨房是烹调食物，为家人提供餐饮的操作空间，具有烹饪、食物贮藏、清洁等功能。

（6）卫生间。卫生间是供居住者便溺、洗浴、盥洗等的空间，具有较强的私密性。

根据居住者所从事职业的不同，居住建筑还可设置其他一些房间，如绘画工作者的画室、文学创作者的书房等。经济条件较好的家庭配有轿车，车库也成为该家庭居住建筑的一个重要组成部分。

（二）居住建筑装饰设计要点

通常，居住建筑装饰设计要点主要有以下几点。

（1）居住建筑装饰设计应根据居住者的职业习惯、文化水平，以及个人喜好进行一定的个性创作。

（2）居住建筑装饰设计要以居住者的生活要求和家庭结构状况为设计依据。

（3）居住建筑装饰设计应尊重建筑物本身的结构布局，协调好装饰与结构之间的关系。煤气、水、电设施的处理应做到安全可靠。

（4）居住建筑装饰设计应考虑居住者的经济条件和装饰设计侧重的分配情况，合理利用资金，避免不必要的浪费。

（5）居住建筑装饰设计应考虑良好的采光、采暖和通风条件，为居住者创造一个舒适、卫生的环境。

（6）在设计居住建筑各个空间时，应强调建筑的整体空间风格和造型。

二、起居室设计

起居室具有多功能的特点，是家人进行交流、起居、休息、会客、娱乐、视听活动等的场所。除了睡觉在卧室、吃饭在餐厅，其余的休息时间几乎都是在起居室中度过的，因此起居室的设计非常重要，它的好坏直接影响着整个设计的成败。

（一）起居室的尺度与布置

不同起居室的面积差别很大。过去人们常把小间作起居室，而现在人们越来越认识到起居室的重要性，一般把户内最大的空间用作起居室。设计者在设计建筑平面布局时也有意强调起居室的位置，并且在允许的情况下，尽可能扩大起居室的面积。这一变化主要是因为随着生活水平的提高，人们对生活舒适性的要求也在提高，更加重视在紧张的工作之余与家人交流的重要性。起居室的规模与布置要尽可能跟上时代的变化，适应人们的心理要求。

起居室的布置因人而异，这是因为不同的人有不同的爱好、习惯和生活要求。有的人追求清新、自然，喜欢把大自然的纯朴带入室内；有的人则追求华丽，喜欢用色彩、陈设把室内布置得富丽堂皇。起居室的布置没有一个固定的模式，设计者总是首先根据居住者的要求，确定一个意向设计，即起居室的风格，然后再做具体的布置。

起居室的主要用具有沙发、茶几、电视机、音响设备、灯具、组合柜等。要根据房间的大小和使用的要求，合理布置。

（二）空间界面设计

地面装饰材料一般采用木地板，也有塑胶地板、石材地面、地砖、地毯等，它们各有优缺点。

墙面可以用粉刷、墙布、塑料喷涂、装饰板等多种方法处理，但应注意清洁维护的方便性，以及色彩、质地与整个室内环境的关系。

如果顶棚与墙面使用同样色彩和质地的装饰材料，就能突出地板与家具。当采用不同的装饰材料时，为了避免与地板和家具引起混乱，就必须考虑与之相协调的色相和材料。

（三）起居室的陈设设计

起居室的主要陈设是家具。这里的家具主要是沙发，一般以茶几为中心设置沙发群作为交谈的中心。其次，是电视机、音响、电话和空调等，这些设备都不能单独设置，常与家具统一考虑和布置。除了考虑这些家具的布置外，还要考虑人的视线高度、看电视的最佳视距、音响的最佳效果、空调的安装高度或摆放位置等。墙壁上的壁挂、壁画、挂画，可以根据墙面的面积和家具的尺寸，在符合构图平衡的前提下进行布置。

此外，根据居住者的爱好，安排一些附属装饰小品，如陶器、雕刻或是私人收藏品等，既营造了生活氛围，又能让人感受到居住者的爱好和情趣。

（四）照明设计

起居室是起居生活的中心，活动内容比较丰富，采光要求也富于变化。在会客时，可采用全面照明；看电视时，可在座位后面设置落地灯，有微弱照明即可；听音乐时，可采用低照度的间接光；读书时，可在左后上方设一光源。选择灯具时，要选用具有装饰性的坚固的灯具，并且灯具的造型、光线的强弱要与室内装饰协调。

三、卧室设计

卧室是居室中最具私密性的房间，卧室的基本功能是睡眠，同时兼具休息、梳妆、储藏、更衣、阅读、学习、游戏等功能。根据使用对象不同，卧室分为主卧室和次卧室。主卧室是主人夫妇共同使用的私人空间，具有比较强的私密性、领域性和安全性。次卧室则根据使用对象的不同进行设置，以满足老人、子女等的居住需求。由于卧室空间在使用性质上较为内向，所以设计时必须从使用者的个人爱好出发，充分考虑使用者的意愿和要求。

（一）主卧室设计

主卧室是住宅主人的私人生活空间，应该满足男女主人双方情感和心理的共同需求，顾及双方的个性特点。主卧室在设计时应遵循以下两个原则。

一是要满足休息和睡眠的要求，营造出安静、祥和的氛围。卧室内可以尽量选择吸声的材料，如海绵布艺软包、木地板、双层窗帘和地毯等，也可以采用纯净、静谧的色彩来营造宁静氛围。

二是要设计出尺寸合理的空间。主卧室空间面积每人不应小于 $6 m^2$，高度不应低于 2.4 m，否则就会使人感到压抑和局促。在有限的空间内还应尽量满足休闲、阅读、梳妆和睡眠等综合要求。

主卧室按功能区域可划分为睡眠区、梳妆阅读区和衣物贮藏区三部分。睡眠区由床、床头柜、床头背景墙和台灯等组成。床应尽量靠墙摆放，其他三面临空。床不宜正对门，否则容易使人产生房间狭小的感觉，开门见床也会影响私密性。床应适当离开窗口，这样可以降低噪声污染和分方便通行。医学研究表明，人的最佳睡眠方向是头朝南，脚朝北，这与地球的磁场相吻合，有助于人体各器官的新陈代谢，并能产生良好的生物磁化作用，达到催眠的效果，提高睡眠质量。梳妆阅读区主要放置梳妆台、梳妆镜和学习工作台等。衣物储藏区主要放置衣柜和储物柜。

主卧室的天花可装饰简洁的石膏脚线或木脚线，如有梁需做吊顶来遮掩，以免造成梁压床的不良视觉效果。地面采用木地板为宜，也可铺设地毯，以增强吸音效果。

主卧室的宜用间接照明，可在天花上布置吸顶灯柔化光线。筒灯的光温馨柔和，可作为主卧室的光源之一。台灯的光线集中，适于床头阅读。卧室的灯光照明应营造出宁静、温馨、宜人的氛围。

主卧室宜采用和谐统一的色彩，暖色调温暖、柔和，可作为主色调。主卧室是睡眠的场所，应使用低纯度、低彩度的色彩。

主卧室的风格样式应与其他室内空间保持一致，可以选择古典式、现代式和自然式等多种风格样式。

（二）儿童卧室设计

儿童卧室是儿童成长和学习的场所。在设计时要充分考虑儿童的年龄、性别和性格特征，围绕儿童特有的天性来设计。儿童卧室设计的宗旨是"让儿童在自己的空间内健康成长，培养独立的性格和良好的生活习惯"。

儿童卧室设计时应考虑幼儿期和青少年期两个不同年龄阶段的性格特点,针对不同阶段的生理、心理特征来进行设计。

学前儿童的房间侧重于睡眠区的安全性,并有充足的游戏空间。因幼儿期儿童年龄较小,生活自理能力不足,房间应与父母的房间相邻。幼儿期儿童卧室应保证充足的阳光和新鲜的空气,这对儿童身体的健康成长有重要作用。房间内的家具应采用圆角及柔软材料,保证儿童的安全,同时这些家具又应具趣味性,色彩艳丽、大方,有助于启发儿童的想像力和创造力。卧室的墙面和天花造型设计可极具想像力,如采用仿生的原理,将造型设计成树木、花朵、海浪等。儿童天性怕孤独,可以摆放各种玩具供其玩耍。针对幼儿期儿童好奇、好动的特点,可以划分出一块儿童独立生活玩耍的区域,地面上铺木地板或泡沫地板,墙面上装饰五彩的墙纸或留给儿童自己涂沫的生活墙。

(三)老人卧室设计

老人卧室的设计要符合老年人生理、心理与健康的需要。老人卧室宜选择通风良好、阳光充足的房间。这不仅有助于老年人的身体健康,而且可以避免在阴暗的房间中待久了产生寂寞感。

老年人对睡眠质量尤为重视,老人卧室更需要安静的睡眠环境。因此,老人卧室的界面可选择隔声好的装饰材料,如地毯、软包、壁布、具有隔音效果的窗帘等;宜采用稳重、宁静、素雅、祥和的色彩,使老人心情平静、愉快,如以纯度和明度较低的中低基调为主色调,但也应避免大面积的深色而产生沉闷感。

老人卧室的家具以简洁实用为主,放置应不影响通行。床要宽敞且柔软适中,使睡眠舒适;储藏空间设计应考虑老人日常存取物品的便利;设置沙发、安乐椅、藤椅等方便老人阅读或休憩。陈设品布置应体现老人的个人情趣与爱好。赏心悦目的书画作品、生机勃勃的风景摄影作品、别有情趣的民间艺术品等有助于创造优雅的生活氛围,绿色盆栽、插花等可以平添生机与自然气息。

四、餐厅设计

餐厅是家庭进餐的地方,它的整洁与否直接影响着家庭成员的身体健康。面积小的居住建筑无专用餐厅,一般可在起居室内设置一个用餐角;厨房面积比较大时,可在厨房用餐。餐厅的环境设计不仅要注意从厨房配餐到餐后收拾的方便合理性,还要能体现出家庭、充满欢乐氛围的室内装饰风格。

(一)餐厅的尺度与布置

进餐空间的大小主要取决于用餐人数、家具的尺寸等。餐桌形状一般有正方形、长方形、圆形等,它们所占的空间各不相同。

餐厅除了进餐用的桌、椅外，如有条件还可设置酒柜。一般盛放食物用的器皿收置在厨房内，但用餐时的杯子、酒、刀叉、餐垫、餐巾等最好放在酒柜里。酒柜不宜太高，700 mm～900 mm 即可。

起居室兼餐厅的环境，空间比较开阔，家庭团聚氛围也比较浓厚，但对于配餐和食后收拾等都不太方便，同时也影响起居室环境的整体性。对于厨房兼餐厅的情况，其特点正好与上述情况相反。

（二）餐厅界面装饰

餐厅的地面要尽量选用易于清洁、不易污染的地板或面砖等材料，特别是有幼儿或小低龄儿童的家庭，更应注意地面处理。顶棚要选择不易沾染油烟污物并便于维护的装饰材料。墙面的装饰不宜太花哨，否则易将人的视线从饭桌上吸引过去。餐桌可选用合适的桌布，其颜色与图案要利于进餐，增进人的食欲。

（三）照明与换气

餐厅内要设置一般照明，以使整个房间有一定照度。在餐桌上方设置悬挂式灯具，保证局部照明，既能突出餐桌的位置，又使菜肴色彩鲜艳。整个餐厅的灯光以暖色调为宜。桌面上方顶棚，还应安装埋入式换气扇或穿墙型换气扇，以便菜肴热气及时排出。

五、厨房设计

常言道："开门七件事，柴米油盐酱醋茶"。这些都与厨房有着紧密的关系，这表明厨房是住宅建筑的重要组成部分。厨房环境直接影响着人们的居家生活质量。随着人们饮食观念的变化和设备技术的提高，厨房正在进行着一场深刻的革命。

（一）厨房的发展趋势

现今，厨房设计发展主要呈以下趋势。

（1）功能多样化。厨房已不仅仅是单纯的烹调食物的场所，逐渐成为融烹饪、就餐、休闲于一体的家居生活场所。因此，人们对厨房的需求不再仅仅局限于实用、清洁，还要求舒适、美观、品质、绿色等。

（2）厨房设备现代化、集成化。随着厨房设备技术的发展，新厨房设施不断出现，如电冰箱、电饭煲、电磁炉、微波炉、消毒柜、洗碗机、排油烟机和给排水设施等，这些设备使厨房工作变得简便、轻松，并通过厨电一体化的整体厨房设计，厨房环境更为整洁、优美。

（3）开敞式厨房。长期以来，我国的烹饪方式、用餐习惯，以及设备条件等使厨房较适宜封闭式，而现有设备条件（多功能的灶具、高质量的排油烟机、良好的给排水设备和各种洗涤器具）和饮食观念的变化，使与餐饮或起居空间有机结合的开放式厨房成为可能。开放式厨房利于家人一起参与厨房操作，消除了个人单独备餐的孤独感和疲惫感，能够更好地营造温馨的居家氛围。空间更显宽敞，更具现代时尚感，从而受到越来越多家庭的青睐。

（二）厨房设计原则

厨房设计须遵循以下几个原则。

（1）功能合理，使用方便。厨房工作是按照一定的工作流程进行的，厨房的功能布局和家具设备布置必须符合作业流程。一般可利用吊柜、台柜等将冰箱、洗涤池、炉灶、排油烟机等设备封闭组合成上下两组，整体排列成统一高度的工作台案，这样既操作方便、有助于提高工作效率，整齐美观、易于清洁。

（2）舒适、美观，展现生活品位。舒适、美观的厨房环境可以使厨房工作变得轻松愉快，使烹饪美食成为享受生活的一部分。通过厨房空间形式、色彩、灯光、家具、陈设和绿化的设计，可以使厨房成为生活品位的表现，让生活节奏快、工作压力大的现代人在家中得到最大限度的舒缓、放松和享受。

（3）注意与水、电的技术协调。随着厨房设备的现代化，各种电器越来越多，与供水、排水也关系密切，因此在设计时应注意与给排水、电等方面的技术协调。

（三）功能分析与布局

厨房具有贮藏、清洗、调配、烹饪、备餐，以及用餐、休闲等诸多功能，各个功能区由相关的设施设备和家具组合而成。主要的功能区有操作台和冰箱形成的贮藏调配区、以洗涤池为中心的清洗准备区、由炉灶组成的烹调区。各功能区之间存在密切的工作关系，三个主要功能区形成工作三角形，如图9-1所示。合理安排各功能区及相应设备的位置，使其满足最佳的工作流程，可以提高功效，减轻劳动强度，是厨房布局的关键。一般工作三角形周长应控制在 3.5 m～6 m 之间为宜。三角形周长越大，人在厨房工作耗用的时间就越长，劳动强度也就越大。

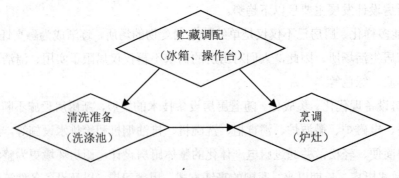

图 9-1　厨房工作三角形

厨房的平面布局形式有一字形、L 形、双排形、U 形、岛式等几种，设计者可根据厨房的大小和平面形状选择布置，如图9-2和图9-3所示。

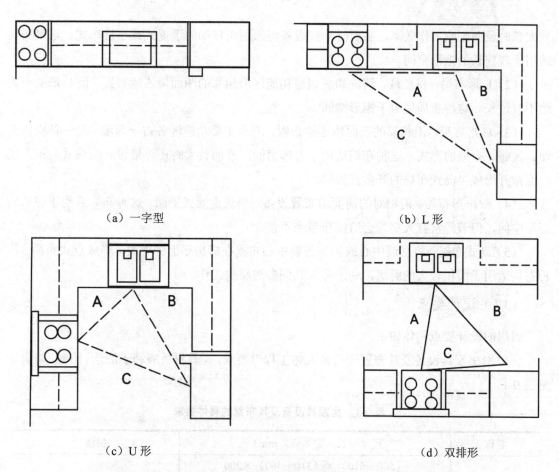

（a）一字型　　　　　　　　　　　　　　（b）L 形

（c）U 形　　　　　　　　　　　　　　　（d）双排形

图 9-2　厨房的平面布局形式

图 9-3　岛式布置

（1）一字形布局。将贮藏、清洗和烹调等功能区沿墙一字排开，最为常见和实用，但排列太长时反而影响工作效率,必要时一些设备可选用可移动的手提式或小推车式。这种布局适用于较狭长的矩形空间。

(2)L形布局。将贮藏、清洗和烹调等功能区沿相邻的两面墙连续布置,但 L 形的一条边不宜过长。这种布局适用于矩形空间。

(3)U形布局。沿相邻的三面墙连续布置,三个主要功能区各占一而墙,是一种操作方便、流畅、有效的形式。这种布局适用于方形房间,开间较大时还可增设一组岛式台柜,或一面敞开形成半岛式布局的开敞式厨房。

(4)双排形布局。沿相对的两面墙布置设备,形成走廊式平面。这种布局适用于较窄的矩形空间,但若经常有人穿行会给操作带来不便。

(5)岛式布局。将烹调中心或清洗备餐中心布置在厨房平面的中央,形成点式布局。这种布局适用于面积较大的厨房,利于多人共同参与厨房工作。

(四)设计要点

厨房的设计要点具体如下。

(1)厨房家具设备及其布置应符合人体工程学要求,家具材质应利于清洁、防潮、防火,见表9-1。

表 9-1　房家具设备及其布置的具体要求

名称	尺寸(长×宽×高,mm)	材质
洗涤池	(500~610)×(310~460)×200 (310~430)×(320~350)×200 (850~1 050)×(450~510)×200	不锈钢
煤气灶	700×380×120	搪瓷、不锈钢
排油烟机	750×560×70	铝合金、不锈钢
电冰箱	(550~750)×(500~600)×(1 100~1 600)	定型产品
台柜	长度×(500~600)×(800~850) (长度按实测长度)	防火面板、不锈钢面、人造石材台面
吊柜	长度×(300~350)×(500~800) (长度按实测长度)	防火板、装饰板、玻璃
微波炉	(550~600)×(400~500)×(300~400)	定型产品
燃气热水器	(320~360)×180×630	定型产品

(2)厨房烹饪时会产生大量的蒸汽与油烟,加工、洗涤容易在操作面上沾染污渍。因此,厨房的地面、墙面、灶台和台面应采用不易污染且便于清洁的装饰材料,如墙面采用陶瓷面砖、石材,地面采用陶瓷地砖、陶瓷锦砖等,顶棚采用塑料扣板、金属装饰板或石膏板吊顶处理,台面采用大理石、防火板或不锈钢板等,既美观又能起到防火的作用。

（3）厨房的窗户应直接对外开启，既可直接采光，又能自然通风。《住宅设计规范》（GB 50096—2011）规定：厨房的采光系数最低值为1%，窗地比≥1∶7。厨房照明一般采用整体照明和工作台面的局部照明相结合的方式，整体照明多采用布置在顶棚中央的吸顶灯，工作台面的局部照明可采用高低可调的吊灯、安装于吊柜下方的槽灯、灶台上部与抽油烟机合装的工作灯等。灯具宜采用密封、防潮、防锈并易于拆换、维修的灯具。

（4）厨房的通风除自然通风外，应在灶具上方安装排油烟机和加装排风扇，以确保良好的通风效果，避免油烟污染。

六、卫生间设计

卫生间的功能主要包括如厕、盥洗、洗浴、衣物洗涤等，常用设备有坐便器、洗脸盆、浴缸或淋浴器，洗衣机，以及毛巾杆、浴巾架等。卫生间的使用面积根据卫生设备的配置情况确定。

（1）设坐（或蹲）便器、洗浴器（浴缸或淋浴器）、洗脸盆三件卫生洁具的不小于 3 m²。

（2）设坐（或蹲）便器、洗浴器两件卫生洁具的不小于 2.5 m²。

（3）设坐（或蹲）便器、洗脸盆两件卫生洁具的不小于 2.0 m²。

（4）单设坐（或蹲）便器的不小于 1.1 m²。

根据卫生间的功能，其空间可分为如厕、洗脸、梳妆、洗浴、洗涤等多个区域，这些区域可同室布置，以节约面积，也可利用隔墙或隔断分别布置，减少相互之间的干扰。

卫生间界面设计应考虑防潮、防水，并应考虑良好的通风排气设施。

（1）顶棚。宜采用防潮、防水、防霉、易清洁的材料。有条件的可做防水型吊顶，以便遮挡上一层卫生间的设备（便器或地漏的存水弯头等）。常见的做法有乳胶漆、PVC 板、金属板、玻璃等。

（2）墙面。面层采用防水、防雾、易清洁的材料，常用的有艺术墙砖、天然石材、人造石材等。

（3）地面。面层采用防水、防滑、易清洁的材料，常用的有地砖、马赛克、天然石材（大理石、花岗石）、塑料地毡等。

（4）卫生间的采光、通风与照明设计。卫生间宜直接采光，自然通风，一般为北向侧窗采光。无通风窗口的卫生间必须设置出屋顶的通风竖井，并组织好进风和排气。通常做法是卫生间门下部设固定百叶或门距地面留缝隙（一般不小于 30 mm）进风，通风竖井安排排气扇排气。

卫生间照明灯具应选用密封性能好，具有防潮、防锈功能的灯具。其类型一般有吸顶、发光天棚、镜前灯、射灯等；与采暖结合时，可选用组合式浴霸。

第二节　办公建筑室内装饰设计

随着现代科技信息与商务经营的发展，办公建筑有了迅速的发展。同时，以现代科技为依托的办公设施日新月异，办公模式趋于多样化，办公建筑日益成为现代企业自身形象的标志之一。

根据使用性质的不同，办公建筑可分为下列四类。

（1）行政办公建筑。各级党政机关、人民团体、事业单位和工矿企业的行政办公楼。

（2）专业办公建筑。各专业单位办公使用的办公楼，如科学研究办公楼，设计机构办公楼，商业、贸易、信托、投资等行业的办公楼。

（3）综合性办公建筑。以办公为主的，含有公寓、旅馆、商场、展览厅、对外营业餐厅咖啡厅、娱乐厅等公共设施的建筑物。

（4）出租类写字楼。分层或分区出租给不同的客户，客户按自己的需要进行自行分隔和装修。

一、各类用房的组成与总体设计要求

（一）各类用房的组成

（1）办公用房。办公建筑室内空间的平面布局形式取决于办公楼本身的使用特点、管理体制、结构形式等。办公室的类型有小单间办公室、大空间办公室、单元型办公室、公寓型办公室、景观办公室等。此外，绘图室、主管室或经理室也可属于具有专业或专用性质的办公用房。

（2）公共用房。为办公楼内外人际交往或内部人员开会、交流等的用房，如会客室、接待室、各类会议室、阅览展示厅、多功能厅等。

（3）服务用房。为办公楼提供资料、信息的收集、编制、交流、贮存等用房，如资料室、档案室、文印室、电脑室、晒图室等。

（4）附属设施用房。为办公楼工作人员提供生活和环境设施服务的用房，如开水间、卫生间、电话交换机房、变配电间、空调机房、锅炉房和员工餐厅等。

（二）总体设计要求

办公各类用房的总体设计要求。

（1）室内办公、公共、服务和附属设施等各类用房之间的面积分配比例、房间的大小和数量，均应根据办公楼的使用性质、建筑规模和相应标准来确定。室内布局既应从现实需要出发，又应适当考虑功能、设施等发展变化后进行调整的可能。

（2）办公建筑各类房间所在位置和层次，应将与对外联系较为密切的部分布置在近出入口或近出入口的主通道处。例如，把收发传达室设置于出入口处；接待、会客，以及一些具有对外性质的会议室和多功能厅设置于近出入口的主通道处。对于人数多的厅室，还应注意便于安全疏散通道的组织。

（3）综合型办公室不同功能的联系与分隔应在平面布局和分层设置时予以考虑。当办公与商场、餐饮、娱乐等组合在一起时，应把不同功能的出入口尽可能地单独设置，以免互相干扰。

（4）从安全疏散和有利于通行考虑，袋形走道远端房间门至楼梯口的距离不应大于 22 m，且走道过长时应设采光口，单侧设房间的走道净宽应大于 1 300 mm，双侧设房间时走道净宽应大于 1 600 mm，走道净高不得低于 2 100 mm。

提高办公建筑室内环境的质量，充分关注现代办公建筑的发展趋势，是办公建筑室内设计必须着重考虑和了解的内容。

现代办公建筑趋向于重视人，以及人际活动在办公空间中的舒适感和和谐氛围。因此，设置室内绿化、布局上强化室内环境的处理手法，有利于调整办公人员的工作情绪，充分调动工作人员的积极性，从而提高工作效率。

二、门厅设计

门厅是公司、企业给人的第一印象，强调内外空间的延伸与过渡，以造成时空的连续，加强动态导向，在运动的过渡空间中对前进方向做提示或限定，强调标志性。

门厅是通行枢纽，通行线路应简捷明了，避免线路交叉，合理节约通行面积，增加使用面积。地面以方便清洁、防水性强、不易滑跌的材料为宜，如天然花岗岩、地砖等。墙壁的选材应注意材质和色泽，与通道、楼梯等有关联的壁面用材相协调。多用门厅要有足够的活动空间，留出不受通行干扰和穿越的安静地带。要有良好的采光和合理的照度，可通过地面或顶棚的变化，作出相对的界定。门厅与接待空间是展示产品和企业形象的场所，设计时要突出展现企业的个性特征，以创造或豪华富丽、或亲切和谐的空间环境。

三、接待空间设计

接待空间是办公环境中较重要的功能空间，一般设置在临近出入口的位置，是进入办公场所的第一视觉中心，因此接待空间的设计直接影响到人们对办公空间的第一印象。接待空间多由设计精致的接待台、美观时尚的沙发和茶几、简约大气并有企业 logo 的背景墙三个部分组成。接待空间的设计要求风格时尚现代、色彩明快、光线充足，并尽可能运用企业的标志、标准色、标准字来展现企业文化。背景通常采用简朴大方且有庄重感的材料，如石材、金属板、陶板等。另外，这一部分应配以常青的植物和应时的鲜花，给人以生机感。

四、办公室设计

办公室的室内设计应以所设计办公楼的具体功能特点和使用要求、柱网开间进深、层高净高的尺寸（或由承重墙、剪力墙等围合成的已有空间）、选定的设施设备条件，以及相应的装修造价标准等因素作为设计的依据。

（一）办公室设计要点

办公室设计要点主要有以下几点。

（1）办公室平面布置应考虑家具、设备尺寸；办公人员使用家具、设备时必要的活动空间尺度，各工作位置；依据功能要求的排列组合方式，以及房间出入口至工位、各工位相互间联系的室内交通过道的设计安排等。

（2）办公室平面工位的设置，按功能需要可整间统一安排，也可组团分区布置（通常 5～7 人为一组团或根据实际需要安排）。各工位之间、组团内部，以及组团之间既要联系方便，又要尽可能避免过多的穿插，减少人员走动时干扰办公工作。

（3）根据办公楼等级标准的高低，办公室内人员常用的面积定额为 3.5 m^2/人～6.5m^2/人。据此定额可以在已有办公室内确定安排工位的数量（不包括过道面积）。

（4）从室内每人所需的容积和办公人员在室内的空间感受考虑，办公室净高一般不低于2.6 m，设置空调时也不应低于 2.4 m；智能型办公室室内净高，甲、乙、丙级分别不应低于2.7 m、2.6 m、2.5 m。

（5）从节能和有利于心理感受考虑，办公室应有天然采光，采光系数窗地面积比应不小于 1∶6（侧窗洞口面积与室内地面面积比）；办公室的照度标准为 100 lx～200 lx，工作面可另加局部照明（《民用建筑照明设计标准》）；智能办公室甲、乙、丙级室内水平照度标准分别不小于 750 lx、650 lx、500 lx；室内空调气温分别为冬 22℃／夏 24℃、冬 18℃／夏 26℃、冬 18℃／夏 27℃。

（二）办公室布局方式

1. 小单间办公室

小单间办公室，即较为传统的间隔式办公室，一般面积不大（如常用开间为 3.6 m、4.2 m、6.0 m，进深为 4.8 m、5.4 m、6.0 m 等），空间相对封闭。小单间办公室，室内环境宁静，少干扰，办公人员具有安定感，同室办公人员之间易于建立较为密切的人际关系；缺点是空间不够开敞，办公人员与相关部门，以及办公组团之间的联系不够直接与方便；受室内面积限制，通常配置的办公设施也较简单。

小单间办公室适合于需要小间办公功能的机构，或规模不大的单位或企业的办公用房。根据使用需要，或机构规模较大，也可以把若干个小单间办公室相组合，构成办公区域。

2. 大空间办公室

大空间办公室也称"开敞式"或"开放式"办公室，起源于 19 世纪末工业革命。由于经营管理的需要，办公各组成部分与组团人员之间要求联系紧密，并且进一步要求加快联系速度和提高效率，传统间隔式小单间办公室较难适应此要求，因此形成少数高层办公主管人员仍使用小单间，大多数的一般办公人员安排于大空间办公室内的布局方式。早年莱特设计的美国拉金大厦（Larkin Building，1904）即属早期的大空间办公室。

大空间办公室有利于办公人员、办公组团之间的联系，提高办公设施、设备的利用率。相对于间隔式的小单间办公室而言，大空间办公室减少了公共区域和面积，缩小了人均办公面积，从而提高了办公建筑主要使用功能的面积率。但是大空间办公室，特别是在早期环境设施不完善，室内嘈杂、混乱、相互干扰较大。近年来随着空调、隔声、吸声以及办公家具、隔断等设施设备的优化，大空间办公室的室内环境质量有了很大提高。

据国外有关专家提出，基于保证室内有一个稳定的噪声水平，建议大空间办公室不少于 80 人。通常大空间办公室的进深可在 10 m 左右，面积宜不小于 400 m^2。

3. 单元型办公室

单元型办公室在办公楼中，除晒图、文印、资料展示等服务用房为公共使用之外，单元型办公室具有相对独立的办公功能。通常，单元型办公室内部空间分隔为接待会客、办公（包括高层管理人员的办公）等空间。根据功能需要和建筑设施的可行性，单元型办公室还可设置会议、盥洗、卫生间等用房。

由于单元型办公室既充分运用大楼各项公共服务设施，又具有相对独立、分隔的办公功能，因此单元型办公室常是企业、单位出租办公用房的上佳选择。近年来新建的高层出租办公楼的内部空间设计与布局中，单元型办公室占有相当的比例。

4. 公寓型办公室

以公寓型办公室为主体组合的办公楼，也称"办公公寓楼"或"商住楼"。公寓型办公室的主要特点为该组办公用房同时具有类似住宅、公寓的盥洗、就寝、用餐等的使用功能。它所配置的使用空间除与单元型办公室类似，既具有接待会客、办公（有时也有会议室）、卫生间等空间外，还有卧室、厨房、盥洗等居住必要的使用空间。

公寓型办公室提供白天办公、用餐，晚上住宿就寝的双重功能，给需要为办公人员提供居住功能的单位或企业带来方便。办公公寓楼或商住楼常为需求者提供出租服务，或分套、分层予以出售。

5. 景观办公室

景观办公室为景观办公建筑中的主体办公用房。景观办公室室内家具与办公设施的布置，以办公组团人际联系方便、工作有效为前提，布置灵活，并设置柔化室内氛围、改善室内环境质量的绿化与小品，景观办公室应有别于早期大空间办公室的过于拘谨划一，片面强调"约束与纪律"的室内布局。

景观办公室的构思应适应时代的发展，在办公功能逐渐摆脱纯事务性操作的情况下，创造较为宽松的环境，着眼于新的条件下发挥办公人员的主动性以提高工作效率。景观办公室组团成员具有较强的参与意识，组团具有核准信息并作出判断的能力，景观办公室家具之间屏风隔断挡板的高度，需考虑交流与分隔两方面的因素。即使办公人员取坐姿办公时由挡板隔离相互之间的干扰，但坐姿抬头时可与同事交流，站立时肘部的高度与挡板高度相当，使办公人员之间可由肘部支撑挡板相互交流。

景观办公室较为灵活自由的办公家具布置，常给连通工作位置的照明、电话、电脑等的管线铺设与连接插座等带来困难。采用增加地面接线点或铺设地毯覆盖地面走线等措施，能有效改善上述不足。

（三）办公室界面处理

办公室的各界面应结合管网、管线进行处理，选择易于清洁的界面材料。办公室的总体色调宜淡雅，中间偏冷的淡水灰、淡灰绿，或中间偏暖的淡米色都是很好的办公室色调。

（1）顶棚。办公室顶棚必须与空调、消防、照明等相关方面配合协调，尽可能使吊顶上各类管线协调配置，在高度与平面上排列有序。顶棚材料的选择还应考虑有一定的光反射和吸声作用。吊顶常用的吸声材料有矿棉石膏板、塑面穿孔吸声铝合金板等。

（2）墙面。办公室的墙面可以用浅色系列的乳胶漆，也可以贴墙纸，如隐形肌理型单色系列墙纸。对于装饰要求高的办公室也可以用木胶合板作面材，配以实木压条。木装修的墙面或隔断可以用桦木、枫木为贴面的浅色系列，也可以用柳桉、水曲柳为贴面的中间色调。对于较小的空间或高档单间办公室可以用色彩较为凝重的柚木贴面。

（3）地面。办公室的地面可以在水泥地面实铺木地板，或水泥粉光地面上铺优质塑胶类地板，也可以面层铺橡胶底的地毯，将扁平的电缆线设于地毯下。对于管线铺设要求高的办公室可以设架空木地板，以便于管线的铺设、维修，但架空后必须保证室内净高不低于 2.4 m。由于地面的处理与管线布置密切相关，因此须与相关专业工种配合协调。

对于大进深和开放式布局的办公室，还经常采用玻璃隔断或高窗的方式，以使室内空间通透，并取得间接自然采光。

（四）办公室陈设及照明

办公室的陈设主要是办公家具的布置，还可布置一些绿化、装饰品，以改善办公室内的环境质量。办公室照明必须保证能够清晰地读写，照度标准为：75 lx, 150 lx, 300 lx（从一般到清晰要求）；舒适标准为：100 lx～200 lx, 300 lx～500 lx, 1000 lx～3000 lx（从一般到清晰要求）。

五、会议室、经理或主管室室内设计

办公建筑的室内设计，除前述的组成主体——办公室以外，还有在使用功能和室内布局方面都具有特点的会议室以及主管或经理室等用房。

（一）会议室室内设计

会议室中的平面布局主要根据已有房间的大小，要求出席的人数和会议举行的方式等来确定，会议室中会议家具的布置，人们使用会议家具时必要的活动空间和通行的尺度，是会议室室内设计的基础。

会议室底界面的选材和做法基本上可参照办公室底界面的做法；侧界面除以乳胶漆、墙纸和木护壁等材料的装饰以外，为了加强会议室的吸声效果，壁面可设置软包装饰，即以阻燃处理的纺织面料包以矿棉类松软材料，以改善室内的吸声效果，会议室声音的清晰度也会有所提高；顶界面仍可参照办公室的选材，以矿棉石膏或穿孔金属板（板的上部可放置矿棉类吸声材料）做吊平顶用材，为增加会议室照度与烘托气氛，平顶也可设置与会议室桌椅布置相呼应的灯槽。

（二）经理或主管室室内设计

经理或主管室为机构或企业主管人员的办公场所，具有个人办公、接待等功能，其平面位置（虽也兼具接待功能）应以办公楼内少受干扰的尽端位置为宜。根据主管办公室的规格和管理功能的需要，有时需配置秘书间，室内通常设接待用椅或放置沙发茶几的接待区。经理或主管室室内设计和建筑装修所确定的风格，选用的色调和材料，施工制作的优劣，即室内整体的品味，也能从一个侧面反映机构或企业的形象。经理或主管室界面装饰材料的选用，地面通常可为实铺或架空木地面，或在水泥粉光地面上铺以优质塑胶类地毡或铺设地毯、墙面可以夹板面层铺以实木压条，或以软包做墙面面层装饰（需经阻燃处理），以改善室内谈话效果。

第三节　商业建筑室内外装饰设计

商业空间就是提供有关设施、服务或产品以满足商业活动需要的场所。从以物易物的原始交易到当代的商贸中心拔地而起，商业活动见证了人类文明的进步。当今世界，商业建筑已成为城市中最大、最多的公共建筑，涉及千家万户的日常生活。

一、商业建筑的分类

随着商品经济迅速发展，商店的形式演变成各种不同的样式，其中常见的有以下几种。

（1）百货店。百货公司是一种大规模的以经营日用品为主的综合性的零售商业企业，百货商店的经营范围广泛，商品种类多样，花色品种齐全，能够满足消费者多方面的购物要求，兼备专营商店和综合商店的优势，实际上是许多专业商店的综合体。从1862年"好市场"在法国巴黎创办以来，百货公司至今仍是零售商业的主要形式之一。随着社会经济的不断发展，百货商店的经营方向和经营内容也在不断地发生变化，呈现出两个新的发展趋势：①经营内容多样化，除销售商品外，还附设咖啡厅、餐饮部、娱乐厅、展览厅、停车场、休息室等多种服务设施；②经营方式灵活化，除零售外，设立各种廉价柜、折扣柜，以满足顾客的多层次需求，提高企业的竞争能力。

（2）连锁店。连锁店诞生于20世纪20年代的美国。借助于日趋完善的通信与运输工具，小型商店在各地设立分店，并树立企业形象，推广业务。连锁店的大批量采购、相对统一的设计风格和服务标准，使顾客对连锁店企业获得相同的印象，同一商店的服务空间范围得到延伸。连锁店的经营方式如今已影响到餐馆、酒店的经营。

（3）超级市场。超级市场起源于美国20世纪20年代末的经济大萧条时期。超级市场内货物由顾客自取从而降低经营的费用。最初的超市以销售食品为主，多设置在郊区。如今，超市已由郊区进入城市，货物也由食品扩展到日用品、器具、家用电器等应有尽有，逐渐成为综合性商场。

（4）购物中心。20世纪60年代是欧美国家经济腾飞的时期，购物中心正是顺应了这一时代的需求而出现。它集百货、超市、餐厅和娱乐于一体，并在规划中设置了步行、休息区等公共设施，方便购物。

（5）商业街。商业街指在一个区域内（平面或立体）集合不同类别的商店构成的综合性的商业空间。

（6）量贩店。量贩店亦称仓储式超市，采用顾客自助式选购的连锁店方式经营。量贩店利用连锁经营的优势，大批采购商品，自行开发自己的品牌，以货物种类多、批量批发销售、低价为特点。

（7）便利店。便利店是一种在20世纪80年代后出现的新型零售业，以24小时营业的方式方便了社区生活。这种以销售食品饮料为主的小型商店兼售报刊、日用百货、文具等，给消费者带来便利。

（8）专卖店。专卖店是近几十年来出现的以销售某品牌商品或某一类商品的专业性零售店，以其对某类商品完善的服务和销售，针对特定的顾客群体而获得相对稳定的顾客来源，大多数企业的商品专卖店还具备企业形象和产品品牌形象的传达功能。

二、商业建筑装饰设计要点

商业建筑装饰设计要点主要有以下几方面。

（1）商业建筑的性格，应根据商店类型、所在地点、服务对象、业主要求和设计意图等因素来确定。

（2）商业建筑装饰设计应有利于商品的展示和销售，有利于营业人员销售服务，有利于顾客购物，为顾客创造一个舒心、愉悦的购物环境。

（3）商业建筑装饰设计在总体上应突出商品，以激发顾客的购买欲望。无论是营业厅室内还是室外店面，装饰设计手法应以衬托商品，突出商业建筑的性质为主。

（4）营业厅布置应使顾客购物流线通畅、减少死角，避免与其他流线交叉迂回。防火分区明确，通道、出入口通畅，并均应符合安全疏散的规范要求。

（5）营业厅应考虑顾客休息环境和盥洗间、引导标志等设施的设计，以提高商业建筑的环境质量。

（6）营业厅的采光、通风等设计应满足相关规范要求。营业厅的照明设计应认真考虑，力求突出商品的展示效果，烘托商业环境氛围。

另外，商业建筑的装饰设计还应考虑在整体设计中寻找突破点，力求创新。

三、商业建筑营业厅设计

营业厅是商业建筑中最重要的空间，是顾客直观感受商品、进行选择和购买活动的场所，根据商场的营销方式、商品种类、市场定位，以及商场规模的不同，营业厅有各自的分类、风格和特点。通常，商业建筑营业厅的设计主要有以下内容。

（一）商业营业厅的功能分区与空间组织

商业营业厅的功能分区。商业营业厅的功能分区一般由交通路线、商品展示区、洽谈区、休息区等空间组成。营业厅空间布置形式常见的有以下几种。

（1）大厅式。大厅式营业厅的开间与进深均较大，柱网布置较为灵活，空间分隔自由，有利于商品展示与陈列。但如果流线组织不当，容易造成人流交叉和顾客购物过程中对商品浏览的遗漏现象。

（2）长条式。长条式营业厅用于沿街铺面，以及开间小、进深深的中小型商业建筑，这种空间模式的流线明晰，不易产生死角和人流交叉，出入口常设置在两端。但空间的灵活性较差，货架布置受到一定制约。

（3）中庭。中庭式相比大厅式，室内核心空间得以强化。顾客能够将中庭四周一览无余，便于确定购物方向。中庭的出现使营业空间的水平动线较大厅式更为清晰，能有效避免死角和遗漏。而且中庭的设置不仅丰富了室内空间环境，也有助于商业氛围的创造。中庭式尽管牺牲了少量建筑面积，但却改善了购物环境，吸引了客流，从而提高了营业面积利用率，成为最常见的大中型商场的空间布置形式。

（4）单元式。单元式在经营管理上非常灵活，各单元空间可对外出租，并可根据各自的商品特点单独布置不同的主题，减少彼此之间的相互干扰。单元式营业空间常常与大厅式或中庭式结合使用，也成为目前最常见的商场空间布置形式。

（5）错层式。错层式室内空间更加丰富，不同楼层之间相差 1/2 层或 1/3 层。楼层之间以楼梯、坡道或自动扶梯相联系，虽然拉长了购物动线，却减轻了顾客在购物过程中的疲劳程度。由于错层式的结构与形式相对较为复杂，所占用的空间也相对较大，因此多为大中型商业建筑所采用。

在商店营业厅的空间组织中，其层高、柱间距、楼梯位置等在建筑设计时就已确定。进行室内装饰设计时，对吊顶高、货架、陈列橱、展台、隔断的设置，以及灯光的布置等只有在原有空间的基础上进行二次改造。在改造的过程中可将原有空间分隔；也可以通过展台、货架或是休闲椅、卡座等对空间功能进行定义和划分；还可利用隔断、吊顶、地台、灯具、镜面、灯箱等创造虚拟空间。

（二）营业厅的人流组织与视觉引导

顾客进入商店营业厅后，一般会完成下列活动。

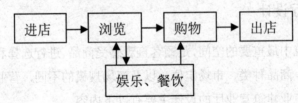

为了避免拥挤、堵塞，提高营业厅对商品的展示率，保证顾客的视觉感受，在进行营业厅的设计时，首先必须从营业厅的人流组织与视觉引导上精心布局。人流动线组织得当与否决定了商场经营环境的好坏。优秀的人流组织设计可以使商场营业空间都能充分发挥其最大功效，创造出良好的购物环境。

1．营业厅的人流组织

营业厅的人流组织要求主要有以下几点。

（1）商店出入口的位置、数量和宽度，以及通道和楼梯的数量和宽度，首先应满足防火安全疏散的要求，出入口与垂直交通的相互位置和联系流线，对客流的动线组织起决定作用。

（2）通道的设计应避免人流与货流的交叉干扰，使人流、货流各行其道，通行流畅。

（3）设计人流线路时尽可能避免产生单向折返路线与浏览的死角。这既不利于商品的销售，又不利于顾客安全地进出和疏散。

（4）顾客动线通道与人流交汇停留处应作为展示的重点，加强商品展示和形象设计。

常见的人流组织方式主要有以下两种。

（1）营业厅的水平流线设计。商业空间中的水平人流可以分为主要水平流线和次要水平流线。主要水平流线常与出入口、楼梯、电梯或扶梯等垂直交通工具相联系；次要水平流线则用来联系主要流线与各售货单元。主要水平流线相对较宽，大型百货商场中的主要水平流线宽度可达六股人流以上。

（2）营业厅的垂直流线设计。垂直流线（见图9-4）的设计原则是能够快速、安全地将顾客输送到各个楼层。因此，垂直交通工具应分布均匀，便于寻找，并与各层水平交通动线紧密相连。垂直交通设施前应有足够的缓冲空间。

图 9-4　商场垂直人流动线

常见的垂直交通设施有以下几个。

（1）自动扶梯。自动扶梯能够不间断地运送顾客，通常可达到每小时 5 000 人以上，使顾客免受等候之苦。自动扶梯常见的布置方式有以下几个。

① 连续直线型。沿单一方向使用，一上一下，每列扶梯均沿单一方向运行。

② 往返折线型。每层设一部扶梯，一般仅供上行人流使用，常为中小型商场所采用。

③ 单向叠加型。类似于单跑直楼梯，每到一层须向相反方向行走至下一扶梯起步处。

④ 交叉式。类似于剪刀楼梯，在大型商场常见到这种布置方式。

自动扶梯一般可设在以下部位。

① 商场出入口处：这种布置方式的优点在于能够快速将进入商场的人流疏导到不同的目的地，减少出入口处的交通堵塞。

② 商场中庭周边：随着扶梯的上下运行，增加了室内空间的动感。

③ 设置在商场一侧：中小型商场的营业空间相对较小，如扶梯设在中央部位会给柜台和货架的摆放带来困难，将扶梯设在营业空间的一侧，可避免挤占有限的营业空间。

④ 营业厅外设专用空间：在营业厅外利用沿街的玻璃幕墙等将自动扶梯限定在一个专用的空间内，使自动扶梯成为一个景观要素。

（2）厢式电梯。厢式电梯的种类较多，根据使用性质一般可分为客梯、货梯；根据速度可分为高速电梯和普通电梯。当电梯位于中庭或紧贴建筑外墙时，可设置观景电梯，具有垂直运输与观光的双重功能。

（3）楼梯。在现代商业空间中，自动扶梯和电梯已成为主要垂直交通工具，但楼梯有自动扶梯和电梯不可取代的作用。它能作为消防疏散通道，在紧急情况下起到疏散人流的作用。

楼梯分为普通楼梯和疏散楼梯两种类型。普通楼梯设计较为灵活，可设计为弧形楼梯、旋转楼梯等。疏散楼梯在平时作为普通楼梯使用，在火灾发生时必须能迅速将商场内的人流疏散到室外安全的地方。因此，疏散楼梯必须满足《建筑设计防火规范》的规定，均匀设置在营业空间的四周。楼梯出口处要有醒目的标志，以引导人流疏散。

（4）无障碍设计。无障碍设计是现代商业空间设计中的一个重要内容，主要采用坡道。坡道的优点在于行走舒适，能够满足老年人和残障人士的使用要求，方便货物的运输和购物车的使用。随着仓储式购物的兴起，坡道在室内的应用也越来越多。除坡道设计外，营业厅内还应尽量避免高差。

2．营业厅的视觉引导

从顾客进入营业厅开始，设计者需要根据顾客流线精心布置视觉引导设施，设置商场分区指示牌、商品展示台、展示柜，以及商品信息标牌等。商店营业厅内视觉引导的常用方法有以下几种。

（1）通过柜架、展示设施等空间划分，引导顾客流线方向并使顾客视线最终落在商品的重点展示处。

（2）通过营业厅地面、顶棚、墙面等各界面的材质、线型、色彩、图案的配置，引导顾客的视线。

（3）采用系列照明灯具、灯箱、展架、条幅等设施手段，对顾客进行视觉引导。

（4）在商场内利用电视、音响、自助查询终端等多媒体手段，达到促销的目的。

（三）经营方式与商品陈列

1．经营方式

营业厅的商品陈列和布置是由商店所销售商品的特点和经营方式所确定的。营业厅常见的经营方式有以下几个。

（1）闭架。适宜销售高档贵重商品或不宜由顾客直接选取的商品，如珠宝首饰、药品、电子产品等。

（2）开架。适宜销售挑选性强，除视觉审视外，对质地有手感要求的商品，如书籍、服装、鞋帽等。这种经营方式通常有利于促销而被普遍采用。

（3）半开架。商品开架展示，但展示区是封闭的，通过特定通道进入。

（4）洽谈。某些商品由于自身的特点或氛围的需要，顾客在购物时与营业员要进行较详细的商谈、咨询，可采用就座洽谈的经营方式，如销售电脑、汽车等。

2．商品陈列

售货柜台和陈列货架是销售现场的主要设施（见图9-5）。柜台供陈列、展示、计量、包装商品及开票等活动使用，同时也可供顾客看审视样品、挑选商品时使用。货架则供陈列和小量储藏商品使用。另外，还有收款台、商品展示台、问询、导购等服务性柜台等。

图 9-5　服装展示柜台

柜架布置应确保顾客流线畅通，便于浏览、选购商品，柜台和货架的位置，以及规格应符合人体工程学的要求，使营业员服务时方便省力，并能充分利用柜架等设施。通常将不同类别的商品分成若干柜组，如百货商场中常按化妆品、文体用品、家用电器、IT产品、服装、鞋帽、食品等对所售商品分类。展台、货架与柜台的布置应综合考虑商品的经营特色、商品的挑选性、商品的体积与重量等多种因素。在百货商场中常把珠宝、化妆品专柜布置于近入口处，以取得良好的铺面视觉效果；把顾客经常浏览、易于激发购买欲的日用品置于底层；而把有目的性购置的商品柜组，如男女装、儿童用品等置于楼层；重量较重和体积较大的商品，如家具等，常置于地下商场。

在商品的陈列中应注意商品陈列低、中、高的搭配，如展台、柜台与垂直立面的产品陈列的组合运用，尽可能丰富地展示商品出来。

（四）营业厅照明

商店营业厅照明的合理布局与配置，也是商店营业厅设计中的重要内容之一，是营造良好购物环境的必要手段。

营业厅除规模较小的商店白天营业有可能采用自然采光外，大部分商店的营业厅都需进行人工照明。

1. 商业营业厅内照明的种类

（1）环境照明。环境照明也称基本照明，满足通行、购物、销售等活动的基本需要。环境照明通常把光源较为均匀或有节奏地设置于顶棚及其上部空间界面中。环境照明常采用筒灯、荧光灯管。

（2）局部照明。局部照明也称重点照明、补充照明。局部照明是在环境照明的基础上，为了加强商品的视觉吸引力，或是在营业厅的某些需要突出的部位，如门头、橱窗、形象墙等需要增加局部照度的位置采用。局部照明常采用豆胆射灯、石英射灯等，也可采用便于滑动、改变光源位置和方向的导轨灯照明。近年来，部分高档卖场为了追求光照效果，采用卤素灯，既作为环境照明，又作为局部照明。

（3）装饰照明。装饰照明是通过多种光源的色泽、灯具的造型来营造富有魅力的购物环境，同时也烘托出商场或商品的特征。室内装饰照明可采用灯箱、霓虹灯、发光壁面等，营业厅中装饰照明的设置，在照度、光色等方面应注意不影响到顾客对商品色彩、光泽的挑选，注意与营业厅整体风格与氛围相协调。

（4）应急照明。商场还应设置应急照明，其照度不低于一般照明推荐照度的 10%；在安全出口位置还应设置指示安全出口的疏散应急照明。应急照明不使用常规电网电源，使用独立的充电蓄电设施。

2. 商业建筑基本照明推荐照度

商业建筑基本照明推荐照度如表 9-2 所示。

表 9-2　商业建筑基本照明推荐照度表

场所名称	推荐照度/lx
自选商场的营业厅	150～300
百货商店、商场、文物字画商店、中西药店等的营业厅	100～200
书店、服装店、钟表眼镜店、鞋帽店等的营业厅	75～150
百货商店和商场的大门厅、广播室、电视监控室、试衣间	75～150

（续表）

场所名称	推荐照度/lx
粮油店、副食店的营业厅	50～100
值班室、换班室、一般工作室	30～75
一般商店库房及主要的楼梯间、走廊、卫生间	20～50
供内部使用的楼梯间、走廊、卫生间、更衣室	10～20

（五）绿化与陈设

1. 商业建筑绿化

绿化在商业建筑中能起到很好的点缀作用，营造出温馨、愉悦的氛围，是商业建筑中不可缺少的重要组成部分，如图 9-6 所示。

图 9-6　商业建筑绿化的设计

商业建筑绿化陈列方式具体如下。

（1）设置于商场入口和中庭作为景观小品使用。

（2）设置于角落，填充空间。

（3）设置于柱子、走廊边，以植物来组成或强化室内序列，起引导人流路线的作用。

（4）在楼梯、栏板、檐口等部位通过植物的悬吊形式进行陈设，丰富室内空间。

商业建筑绿化植物选择条件如下。

（1）由于环境混杂，商场的绿化装饰具有点缀效果即可，不必选择价格高的植物。

（2）选择常绿植物，注意高、低植物的搭配。

（3）要考虑商场内光照、通风不好的特点，选择对光照、通风要求不高的植物。

（4）植物选择要尽量考虑能吸收有害气体，净化空气。

2．家具与陈设选型

商业空间中除商品陈列所需的货架、展台、模特、穿衣镜，以及作为辅助使用的服务台等之外，往往还会设置一些陈设品，在满足功能、丰富空间的同时，起到一定的装饰和烘托氛围的作用。

商业建筑常见的家具与陈设有以下几种。

（1）彩虹门、圣诞树等主题宣传雕塑和景观小品。这类陈设品或与节假日主题相呼应，或与商品特征相符，可达到吸引顾客、传达商品特征、烘托氛围等作用。

（2）展架、展板、吊旗等宣传用品。这类陈设或为了传达促销信息，或是烘托卖场氛围，或起到传播商品和企业文化的作用。

（3）电视、音响、自助终端查询系统等多媒体设备。这类陈设能运用电视画面、广播音乐等多媒体的形式，起到宣传商品、传播企业文化的作用。

（4）卡座、休息坐椅、儿童乐园等。这类陈设是顾客休息的场所，为顾客创造休闲愉悦的环境。

四、商业店面设计

店面设计是以店面的造型、色彩、灯光用材等手段展示商店的经营性质和功能特点。

店面的装饰设计的目的在于最大限度地招揽顾客，以获得最大的经济效益。一般来说，顾客的购物形式有主动购物与被动购物两种形式。因此，店面的装饰效果应具有诱导性、识别性，即通过奇特、新颖、丰富的造型与装饰对人们的购物意识与行为产生积极的影响。

同时，商业店面作为一个城市的重要组成部分，不仅反映着商店的经营特色与经营状况，还是城市社会、经济、文化状况的综合体现，好的店面设计对丰富城市景观起着重要的作用。

（一）店面设计的要点

通常，店面设计的要点主要包括以下几方面。

（1）店面设计构思的依据应该是城市整体环境与商业街的景观效果。在此基础上注重地区特色、历史文脉、商业文化等方面的要求，注意与特定的环境氛围相协调。

（2）店面设计应反映商业建筑的特征。在反映商业性之共性的同时，也应该体现其具体的行业与经营特色，即识别性。

（3）店面设计应与建筑设计相结合。一方面装饰设计应尽可能地体现建筑设计的意图，使其风格协调一致；另一方面，装饰设计应尊重建筑结构的基本框架，充分利用原有构架作为店面装修的支承与连接依托，使店面的外观造型与建筑结构整体有牢固的联系，即外观造型在技术上合理可行。

（4）店面设计应注意经济合理性，以较小的投资获得最大的效果。高档装饰材料的堆砌往往不一定产生好的效果，需注意材料搭配的合理性。

（二）店面造型处理手法

从商业建筑的性格来看，店面造型主要突出识别性与诱导性的特征。具体从以下几个方面来考虑。

（1）立面的比例划分与尺度处理。无论自身构图、细部构图，还是与周围建筑的构图，都应具有良好的对比变化关系和韵律感。虽然大的比例和尺度关系在建筑设计阶段已经确定了下来，在装饰设计时也还是可以做出一定的补充调整，但是装饰纹样的疏密、粗细、隆起程度的处理，应有合适的尺度感，过于粗壮或过于纤细都会因为失去正常的尺度感而有损于整体的统一。

（2）立面的虚实与凹凸处理对建筑外观效果影响较大。商店的实墙与橱窗、玻璃幕之间常能产生强烈的视觉效果。挑檐、雨篷、装饰线条等构图元素往往能产生丰富的光影效果。

（3）色彩、质感的处理。色彩会使人产生各种各样的情感，以及使形体产生不同的效果。通过色彩往往能给人留下深刻的印象。与色彩相似，建筑装饰材料的质感也能在人的心理产生反应，引起联想。选用正确的材料可以使建筑材料的性格与建筑性格相吻合。

（4）重点突出，避免过多的视觉中心。处理要有主有次，切记各种手法均作重点处理，造成过多的视觉中心而整体效果平淡、乏味。店面入口和橱窗应作为处理的重点来处理，要在用材、用色，以及其他手法上加以强化，以使其突出、明确。

（5）加强识别性、诱导性。店面的识别性是店面应具有让人直观地了解其经营内容、性质的一种形象特征；诱导性是指吸引招揽顾客的特性。这两种功效应在设计中加以强化。通过造型特征、店徽、橱窗、标志物可增加识别性；通过视线、路线、空间三个方面可增强诱导性。

（三）入口与橱窗装饰设计

如何将路上行走的和路过店门口的顾客吸引进店内来，与入口部分的设计关系极大。入口与橱窗具有传递信息的作用，有明确的广告性与识别性，同时也是室内外空间的过渡。

入口的处理应该醒目、开敞、亲切，橱窗应明亮、诱人、丰富多彩。

1. 入口

店面入口应满足安全疏散的要求。应设向外开双向开启的弹簧门，在门扇的开启范围内不得设置踏步，入口应考虑设置卷闸门或平推的金属防盗门。在入口的装饰处理上，通常有以下几种常用的手法。

（1）入口后退形成"灰空间"。将入口沿外墙向内凹进一定距离，这样就在入口前面形成了一个缓冲空间，这样的空间特征本身便暗示着对顾客的容纳与接收，能产生较好的诱导作用。

（2）扩大入口部分空间。将入口部分在横向和竖向方向上扩展，以强调入口的位置，增加对行人的吸引力。

（3）采用新颖的构图与造型。传统的入口在人们心中已形成固定模式，若采用一些有个性效果的、非常规的构图，往往能引起人们的关注，起到强调入口的作用。

（4）入口"小环境"的精心设计。精美宜人的入口前小环境，能吸引人驻足观望并走入；整洁的铺地能够吸引人短暂停留；可供观赏的装饰物、雨篷、门廊，以及雕塑小品的造型与色彩、材料的质感均能产生良好的效果。

2．橱窗

橱窗是商业建筑形象的重要标志，主要功能是陈列和展示商品，让人通过橱窗便能了解商店的经营内容与经营特色。同时橱窗还能起到室内外视觉环境沟通的作用。

橱窗的尺度应根据商店的性质、规模、商品特性和陈列方式，结合建筑构架等因素确定。大件商品如家具、服装等以大的橱窗为好，而一些小件商品如照相机、珠宝饰店等则以小而精巧较为合适。这些原则在设计中应充分把握，使其在暗视与引导方面起到积极的作用。

橱窗的布置应防止眩光的产生。橱窗眩光的产生是由于橱窗外的亮度高于橱窗内的亮度，橱窗附近的受光影像反射到橱窗玻璃上，妨碍了顾客浏览商品。通过加遮阳构件，倾斜橱窗玻璃，以及在橱窗附近种植树木等方法可有效地消除眩光。

橱窗的常用设计手法有以下几个。

（1）凹入型。当商店入口后退时，可以将橱窗连同入口一起凹入，常能起到引导顾客进店的效果。这种方式将销售、诱导的重点放在橱窗的商品陈列上，同时提高商品的丰富感和档次感。

（2）外凸型。在商店沿街面前空间允许的前提下，可以将橱窗做出突出墙面的处理。它为橱窗的展示内容提供了立体的展示效果。外凸部分橱窗可塑成一定的形状，其变化的形状能使人产生强烈的视觉效果。

（3）透视型。即通过正面的玻璃，使店内的一部分或全体橱窗化的方式。

（4）多层式。有地下室或者楼层的店面，可以使一层橱窗与地下室或楼层的橱窗结合在一起，连结成一体，起到具有特色的商品展示的作用。

（5）平式。即不改变结构特征，与墙、柱关系对应的橱窗。这是最普通的一种形式，具有经济、安全、加工简单等优点。该形式常通过材料、色彩、风格变化加以强调，也可通过橱窗立面形状和变化以获得较好的效果。

橱窗内的照明需要有足够的照度，参照照明设计标准，可取 300 lx～500 lx。对于重点展品，通过射灯聚光的局部照明可提高到 1 000 lx 左右的照度标准。

（四）商业标志物与装饰设计

商业标志物主要指商店的招牌、广告、店徽与标志等。它们对形成商店的个性风格，反映商店功能，招揽顾客起着重要的作用。

商业标志物一般附设在商店立面，且靠近主要出入口。应统一考虑其与橱窗、雨篷和照明的协调关系，也可直接立于屋面之上，或在立面上悬挂、外挑，以增强器可识别性和对顾客的诱导性。

（1）店徽与标志。店徽与标志是表明商号、商店经营内容和经营特色的标志物。精心设计、制作精致、构思巧妙的店徽与标志不仅具有较强的可识别性，还反映商店的历史、信誉、影响等。

店徽与标志可以有不同的表现形式，如浮雕式，采用金属、塑料、布等材料制作，也可用商品实物或大比例模型来加强视觉效果。

（2）招牌与广告。招牌是对商店经营内容的文字说明。广告是一种图形文字，以简练的语言，甚至几个字母加以必要的图形符号来表示产品的内容。

招牌和广告设置的位置、尺度、造型需要从商店的外形和内部结构，乃至街区的环境整体来考虑。招牌和广告应具有良好的视觉引领、独特的造型、明快的色彩。

根据连接和固定的构造方式，商店的招牌和广告通常有下列几种形式。

（1）吊挂式。招牌和广告从墙面伸出支架吊挂标志，或从建筑前立专用的吊挂支架。支架一般采用不锈钢、木、铸铁、竹等材料，依据装修要求与建筑立面相呼应。地面支架的形式也有许多种，最简单的是门式支架。除吊挂主要标志外，有时也可增加一些说明主标志的附属装饰物。

（2）贴附式。将店牌或广告（连同底板）直接固定在外墙面、雨篷上或建筑物的檐部上端。该方式较经济、灵活，如果应用得当，同样可获得较好的效果。

（3）单独设置。招牌或广告以平面或立体的形式独立设置于商店前的地面或屋顶上，以对其相近的商店起标志作用。

此外，由于招牌和广告多设置于室外，因此在耐久性方面有较高的要求。

（五）室外店面照明设计

夜间店面商业氛围的烘托依赖于照明。店面除了需要一定的照度外，还需要考虑照明的光色、灯具造型等方面具有的装饰艺术效果。

商店室外照明方式可分为整体照明、轮廓照明、重点照明三种形式。整体照明通常用投光灯做泛光照明，现实整体的体型和造型特点。轮廓照明指用带灯或霓虹灯沿建筑轮廓或对有造型特征的构件（如花饰）等做带状轮廓照明。重点照明一般用射灯、投光灯等对入口、橱窗等重要部位进行照明，用霓虹灯箱对招牌、广告进行照明。

第四节　餐饮类建筑室内装饰设计

餐饮类建筑与其他类型的建筑相比，其室内设计更多地受到生活方式、文化、风俗习惯、宗教信仰、经济条件等多种因素的影响和制约，并且不同类型餐饮的差异也带来了装饰处理上的不同。

一、快餐厅设计

快餐厅以其便利快捷而被越来越多的人所接受，因此"快餐环境"也是树立良好的快餐形象的重要构成。这里的"快餐环境"，指的是清洁明快、鲜明活泼的快餐厅用餐环境。这正是快餐厅装饰设计的目标。

（一）空间处理

快餐厅在内部空间的处理上应简洁明快，去除过多的层次。一般的快餐厅设置有以下几个功能空间：入口、收款台、柜台、配餐间、坐席、厨房、办公室。

整个空间组成应比较简洁。收款台一般布置在入口边上，柜台常设置在座席的中央，便于服务人员工作。快餐厅的食品多为半成品，厨房可向客席开敞，以增强顾客的食欲。

用桌席位以2人、4人和6人桌为主，整齐排列。柜台式席位类似酒吧柜台，常设置成长条形，也可做成半圆形。在半圆形中央是服务柜台，快餐通过托盘滑道送至每一个服务柜台，再送到每个顾客手中。

（二）照明与色彩

快餐厅应采用简练而现代化的照明形式。快餐厅内利用射灯进行纯功能性照明，简洁明确。此外，还可以用一些装饰性照明或广告照明等，创造具有现代感的光环境。

快餐厅用色可比较鲜明，常以红、橙色用于餐桌、柜台等部位。此外，色彩的指示性也很明显。

二、中餐厅设计

中餐厅是经营高、中、低档中式菜肴或某一特色菜系或某种特色菜式的专业餐厅。中式菜肴内容丰富、菜式众多、菜系特色鲜明，中餐厅设计应体现经营内容和特色，表现地域特征或民俗特点，富有一定的文化内涵，形成各具特色的装饰风格，或富丽堂皇，或清新自然，或粗犷原始等。

（一）中餐厅的平面布局

中餐厅的平面布局大致可以分为对称式布局和自由式布局两种类型。对称式布局一般是在较开敞的大空间内整齐有序地布置餐桌椅，形成较明确的中轴线，尽端常设礼仪台或主宾席位。这种布局空间开敞、场面宏大，易形成隆重热烈的氛围，多用于宾馆内餐厅或规模较大的餐馆接待团体宴席，如图9-7所示。自由式布局则根据使用要求灵活划分出若干就餐区，以满足特定顾客群的不同需要，一般用于接待散客。这类布局方式常借鉴园林处理手法进行空间分隔和装饰。

图9-7　对称式布局

（二）中餐厅的色彩设计

我国不同的地区与民族对色彩运用的不同是显而易见的。北方地区色彩浓重，南方则清新淡雅。少数民族地区色彩特色更为鲜明。中餐厅应充分利用各地区用色差异，来突出表现地域特色和民族特色。

（三）中餐厅的光环境设计

中餐厅的光环境设计应与其整体风格相一致。如场面宏大、热烈隆重的中餐厅应注重整体照明，创造灯火辉煌的效果，强化热烈的室内氛围，灯具也应以华丽的宫灯、水晶灯为主，如图9-8所示。在自由布局的餐厅内，应注重局部照明，强化空间的领域感，灯具应根据总体风格灵活选择。

图 9-8 辉煌的灯光效果烘托出热烈的空间氛围

（四）中餐厅的家具设计

中式餐厅的家具一般选取经简化的具有中国传统家具神韵的现代中式家具，传统明清式样的家具则多用于包间中。陈设品除必备的餐具、酒具外，带有中国特色的艺术品和工艺品不仅能丰富空间，还更易于烘托环境氛围，如具有文化品位的书画作品、陶瓷、漆器、玉雕、木雕等，具有鲜明地域特色的民间工艺品如剪纸、泥猴、风筝、布老虎等，具有浓郁生活气息的生活用品、生产器具等。对于尺寸较小的古玩和工艺品通常采用壁龛的处理方法，配以顶灯或底灯，达到特殊的视觉效果。其他多悬挂于墙面或顶棚上，或在餐厅一隅、沿墙边角处做成小的景观。

三、西餐厅设计

西餐泛指以西方国家饮食习惯烹制的菜肴。西餐又分为法式、俄式、美式、英式、意式等，不仅烹饪方式各有不同，服务方式也有区别。典型的是法式菜，选料广泛、做工精细、用酒讲究，而且追求高雅的服务形式，尤其注重客前规范、优雅的表演性服务。

西餐厅是以领略西方饮食文化、品尝西式菜肴为目的的餐饮空间。我国的西餐厅主要以法式餐厅和美式餐厅为主。法式餐厅是最具代表性的欧式餐厅，装饰华丽，注重营造宁静、高贵、典雅、凝重的用餐环境，突出贵族情调，用餐速度缓慢。美式餐厅融合了各种西餐形式，服务快捷，装饰也十分随意，更具现代特色。

西餐最大的特点是分餐制，菜肴不是放在桌子中央，而是由服务生分到个人的餐盘中。用餐过程中，杯、盘、刀、叉种类繁多且有讲究。因此，西餐厅多选择 2～6 人的长方桌，如（2 000 mm～2 200 mm）×（850 mm～900 mm）的 6 人用长方桌；也可使用圆桌，如直径 900 mm～1 100 mm 的 4 人用圆桌等。桌面经常采用素色桌布覆盖，对其风格、样式不多要求，餐椅或沙发应选择具有欧式风格特色的家具，如图 9-9 所示。

　　西餐厅注重用餐的私密性，布局应注意餐桌间的距离，并可以使用多种空间分隔限定处理手法来加用餐单元的私密感。如利用地面和顶棚的高差变化定空间、利用沙发座的靠背等家具分隔空间、利用各形式的半隔断及绿化等分隔空间、利用灯光的明暗变化营造私密感等。

　　西餐厅的墙面和顶面多采用欧式图案的壁纸、乳胶漆等，局部可采用墙面镶板的形式，细部造型可利用欧洲古典建筑的装饰元素进行装饰，如在顶棚、墙面、柱面和阴角处镶贴装饰线；运用古典柱式装饰柱子或作装饰柱、壁柱等；在墙面或门窗洞口处作拱券；结合灯光布置将顶棚做成拱顶或穹顶；使用山花、断山花、麻花柱等装饰；也可以将古典建筑装饰元素进行简化和提炼后用于餐厅装饰。

图 9-9　某西餐厅室内装饰

　　西餐厅的环境照明要求光线柔和，应避免过强的直射光。就餐单元的局部照明略强于环境照明。西式餐厅大量采用反光灯槽、发光带，甚至发光顶。灯具可选择古典造型的水晶灯、铸铁灯、枝型吊灯、反射壁灯、庭园灯以及现代风格的金属磨砂灯具等。为了营造某种特殊的氛围，餐桌上点缀的烛光可以创造出强烈的向心感，从而产生私密性。

　　造型优美的钢琴是西餐厅中必不可少的元素。钢琴不仅可以丰富空间的视觉效果，而且优雅的琴声可以作为西餐厅的背景音乐。在规模较大的高档西餐厅中，甚至经常采用抬高地面或局部吊顶造型等方法使钢琴成为整个餐厅的视觉中心。另外，雕塑、西洋绘画、欧美传统工艺品如瓷器、银器、灯具、烛台、牛羊头骨等，反映西方人的生活与化的器具如水车、啤酒桶、舵、绳索等，以及传统兵器（剑、斧、刀、枪等）在一定程度上反映了西方的历史文化，成为空间中彰显个性特色的陈设品。

四、酒吧与咖啡厅设计

酒吧是人们饮酒、消遣、休闲的场所。其可设置为或是独立的酒吧，或是在饭店、大型娱乐场所内的酒吧。咖啡厅也是供人们休息或社交活动的场所，和酒吧一样，应为人们提供轻松愉快的环境。

（一）空间处理

酒吧一般分吧台席和坐席两大部分，也有的酒吧设置少量的站席。其他的功能空间还有办公室、厨房、音响间、化妆室等。通常，小型酒吧内客席占整个建筑面积的70%左右，中型酒吧客席占60%左右，大型酒吧客席占45%左右。酒吧的席位数一般是根据使用面积来决定，通常每席占 $1.1\ m^2 \sim 1.7\ m^2$ 的使用面积。

酒吧在空间处理时，常把大空间划分成若干个小空间。分隔空间的形式可以是多样的，但要以方便和美观为原则。

咖啡厅由以下几个功能空间组成：客席区、服务台、柜台、厨房等。通常，小型咖啡厅的客席区面积占整个建筑面积的45%左右；中型咖啡厅客席面积较大，约占70%；大型咖啡厅由于增加了其他的功能空间，客席面积则相应地减少，约占整个面积的60%左右。咖啡厅内的坐位数应与房间大小相适应，一般每个坐位占 $1.1\ m^2 \sim 1.7\ m^2$ 的使用面积。

咖啡厅内的空间常由若干个小空间组成，小空间能给人以亲切感，并可减少视觉和听觉的相互干扰。

（二）照明

酒吧和咖啡厅内照明强度要适中，所以白炽灯用得较多。柜台和陈列部分要求有较高的照度，以吸引人们的注意和便于工作人员的操作，因此常选用显色性较好的荧光灯。酒吧台下可设置光源装置，照亮周围地面，给人以安定感。

此外，还可用一些装饰性照明，如在柜台上方挂一些小筒灯，既起照明作用，又活跃了氛围。

（三）家具

酒吧和咖啡厅家具的形状多以简洁明快为主，追求一种随意的氛围，这符合顾客的心理要求。主要家具有柜台、餐桌、酒吧座和普通座椅，其尺寸要根据功能要求和个体尺度的要求而定。一般确定柜台高度为 1 060 mm～1 140 mm，台面宽 450 mm～610 mm；酒吧座一般都设置得较高，通常为 760 mm～780 mm，下部设搁脚。

五、茶室设计

茶室作为现代休闲、娱乐、社交活动的重要场所，为紧张工作之余的人们提供一个静谧的休闲空间，已经越来越为人们所青睐。茶室的装饰风格主要有以下两种。

（1）传统地方风格。多位于风景旅游区或特色街区。为着力体现地方性，大量采用地方材质进行装饰，如木、竹、藤和石材等，以体现地方特色和情趣。

（2）都市现代风格。其装饰材料和细部处理上注重时代感，如大量采用玻璃、金属材质、抛光石材和亚光合成板等现代装饰材料，而在空间特色上体现传统文化的精髓。

茶室的空间组合和分隔多运用中国园林的设计手法，大量地采用漏窗、隔扇、罩、植物、水景、山石、小品等灵活地分隔空间，以丰富空间层次和视觉艺术效果，如图9-10所示。

茶室的色彩是以传统民居的灰色作为主色调，红色、黄色作为副色调。具有个性的黄色则是继承了佛教的传统色彩，使空间达到一种"禅"的意境。

为了营造幽静的空间环境，茶室的整体照明一般不宜太强，以局部照明为主，并使用大量的装饰照明，使室内景观在光影作用下更具视觉魅力。

图 9-10　采用传统元素的茶室设计

第五节　旅游建筑室内装饰设计

旅游建筑包括各类酒店、饭店、宾馆、度假村等（以下简称"酒店"）。酒店往往是综合性的公共建筑，向顾客提供一定时间内的住宿，也可提供餐饮、娱乐、健身、会议、购物等服务，还可以承担城市的部分社会功能。酒店常以环境优美、交通方便、服务周到、风格独特而吸引四方游客，对室内装饰也因条件不同而各异。设计者必须量体裁衣、因地制宜。

一、酒店室内装饰设计的基本特点

酒店室内装饰设计具有以下几个基本特点。

（1）室内装饰设计以酒店的经营规模和星级档次为前提，合理的功能布局是在充分利用空间面积的基础上，根据服务人流量恰当地划好各的配比，依据服务内容和客流量的规律，以平行于垂直人流通道的便捷为条件。

（2）出于经营管理的方便和常规习惯，在功能区域的总分布上，一般把餐饮、娱乐、商务、商店等安排在低层公共区。置普通客房于中层、高档客房或高档服务设施在上层。

（3）酒店的服务对象是旅客，来自四面八方，各有不同的要求和目的，设计时应考虑到旅客向往新事物、向往自然、开阔视野，以及怀旧等心理特点。

（4）充分反映当地自然和人文特色，重视民族风格、乡土文化的表现。创造出返璞归真、回归自然、充满人情味的幽雅空间。

（5）酒店活动的人数较多、密度大，要重视室内环境的安全性。安全性更多地反映在空间尺度和设备上。客人集中停留的地方，空间不能太小。室内环境设计须符合安全疏散、防火、卫生等设计规范，遵守与设计任务相适应的有关定额标准。同时，须顾及到残障人士的使用和安全要求。

二、酒店大堂设计

大堂是酒店接待宾客的第一空间，也是给客人的第一印象。内部一般设有总服务台、休息座、大堂副理座、导向指示设施、专营店、商务中心等。

（一）大堂设计要求

酒店大堂的功能较为复杂，设计基本要求如下。

（1）满足通行功能。满足通行要求是其首要功能，大堂内的各种设施应有一定的联系，设计时应根据不同的路线进行良好的组织，尽量保证通行路线短捷、容易识别、人流疏散快速。同时，大堂内应设置标志标示通行方向。

（2）满足接待、休息、服务等功能。大堂是旅客进行登记、入住和办理退房手续的地方，因此接待处、服务台的位置应较明显。同时应设休息座，以备短暂等候。常见的大堂布置方式有对称式、非对称式、服务台位于一侧、服务台位于正对面四种，如图9-11所示。

另外，大堂内应设有服务项目，如小卖部、免费寄存，以方便旅客一些基本的生活要求。有的大型酒店还设有咖啡厅和小型商场。

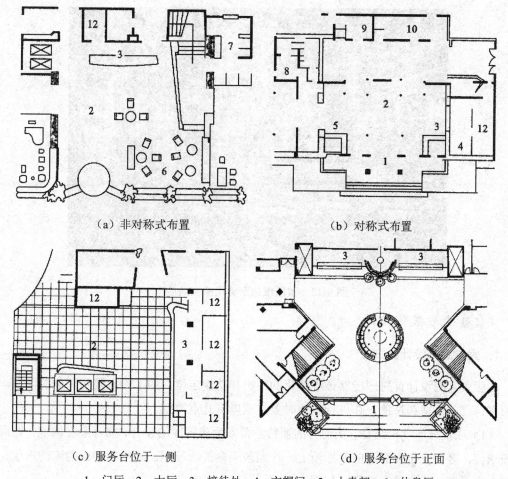

（a）非对称式布置　　　　　　　　（b）对称式布置

（c）服务台位于一侧　　　　　　　（d）服务台位于正面

1—门厅；2—大厅；3—接待处；4—衣帽间；5—小卖部；6—休息厅；

7—电话间；8—厕所；9—行李间；10—会议室；11—邮电；12—办公室

图 9-11　旅馆大堂实例

（3）满足精神功能要求。大堂是旅客对酒店获得第一印象的主要场所，是酒店的核心之一。大堂的形象代表着整个酒店的形象，因此大堂的设计常作为整个酒店的装饰中心，如图9-12 所示。

（4）大堂的经营内容、分区和各自所需要的面积必须根据酒店的类型、规模和档次定位进行精心选定。

商业经营区在布局上应该与大堂主体区域分离，但又要比较容易被客人看到。大堂经营内容可以包括大堂酒吧、邮政快递服务、书报阅览、银行、精品店、旅游接待和订票服务等，也可根据酒店的设计创意设置。

图 9-12　拉斯维加斯威尼斯人酒店

（二）大堂装饰设计

1. 大堂装饰设计原则

酒店大堂的设计首先应能够体现酒店的性质和功能定位。为了给人强烈深刻的印象，酒店应有自己的风格和特色，在进行设计时要注意以下几点原则。

（1）注重与环境相结合。如迪拜的亚特兰蒂斯酒店餐厅的设计，餐厅悬在海底，四周全是玻璃窗，客人安坐在舒适的餐厅椅上，环顾玻璃窗外，珊瑚、海鱼所构成的流动景象，伴随客人享受惬意晚餐的全过程，如图 9-13 所示。

图 9-13　迪拜亚特兰蒂斯酒店的海底餐厅

（2）借景与造景。对于室外景观宜引则引，巧于因借；对于室内景观，则尽量利用，可造则造，可导则导，主要是导。如香山饭店，使用了中国传统造景手法，尤其是以门洞和窗洞为底，借用外部景观的手法更是绝妙的构思，如图 9-14 所示。

图 9-14　香山饭店

（3）要注重表现民族传统与地方特色。

（4）统一与变化。同一花纹或图案、形状等不断重复出现在同一建筑中，成为整个空间的主线，使整个作品更具美感和吸引力。图 9-14 和图 9-15 所示的香山饭店，就是以"○"和"◇"形为主题，贯穿整体的。

图 9-19　香山饭店大堂

（5）中心构成。一般情况下，大堂入口所对的面为视觉中心。其他则根据大厅空间划分的不同情况来确定。构成视觉中心的景点很广，可以是喷泉、雕塑、瀑布等。作为视觉中心的景点，不但设计要有特点，而且要和大堂空间体量以及尺度相协调。

2．大堂的面积比例

大堂的总面积取决于酒店的规模和级别。欧美国家常常以客房的数量来推算大堂面积。大型酒店为吸引公众兴趣，创造独特豪华的氛围，常常会刻意扩大酒店大堂的空间。在这种情况下，大堂层通常设餐厅、酒廊、咖啡厅、书报亭、商务中心，以及通向店外商业区、地铁、车站的出口。如果大堂在一层，其侧面还可设沿街店面，用于出租或自营，以确立酒店首层周围商业环境的配套性和形象的一致性。度假酒店的大堂应是开放型的，要重视和室外景观设计的一致性。但要注意主入口应和物流、垃圾处理区完全分离开。

在规划大堂面积时还要考虑辅助空间，如工程设备用房，消防安全用房；办公用房（比如前台办公室和销售办公室）；员工入口和员工区用房；卸货区、垃圾暂存用房，以及周转运输所需要的面积；垂直交通（所有电梯和楼梯间）所需要的面积。以上这些面积被称为"后线面积"或"内部面积"。后线面积常常是首层总面积的 20%～25%，取决于酒店的整体规模和设备用房的规划。

总之，面积的分配、设计和计算对酒店来说十分重要，特别是公共区域和后勤服务区域的面积，更需要精打细算。

3．流线要合理

大堂是通往酒店公共空间和客房的交通集散中心。大堂的各种流线、集散汇合区、缓冲地带、休息区，以及每一张桌子、服务用台都要精确设定位置。前台的接待、咨询和结算服务位置要十分明显，最好从主入口处就可以看到。

（三）大堂休息区设计

酒店共享空间休息区的设计，除了考虑休息时间的长短、性质之外，还应该考虑以下几方面。

（1）排除对休息区有干扰的因素。如在休息区的划分上，避免人流的穿插；在隔音的处理上，排除噪声的干扰；在休息设施的排列组织上，避免休息者彼此间的影响。

（2）在装修、色彩、照明等方面，力争创造一个平静、安宁、亲切、融洽、舒适、愉快的环境。

通过空间意识和丰富的立体构成想象，才能很好地创造具有虚空间特征的子空间，才能以灵活多变的思路，结合小环境的创造来进行子空间的设计。

作为休息区的子空间，其顶界面也就是共享空间（母空间）的天花面。可以采取局部压低吊顶标高，在子空间上部的天花下设置具有不同造型特征的"屋顶"或"檐口"，或在子空间上部支起"伞罩"或下垂"幕罩"等，甚至悬吊的灯具或装饰物也可以成为象征性标志。通过变化地面标高和地面材料来分割空间，这是构成子空间，创造小环境的重要途径之一。

　　酒店建筑共享空间中的休息区，多为开放式的空间构成，所以休息区侧界面，应力求体现似隔非隔、相互交融、尺度适宜、形式灵巧的原则。如采用休息设施组合、栏杆或矮墙、栏板或盆栽陈列等，这一类隔断的高度，都应充分考虑人们坐视时的空间感觉。

三、酒店客房设计

　　酒店客房应有良好的通风、采光和隔声措施，以及良好的景观（如观海、观市容等）和风向；避免面向烟囱、冷却塔、杂务院等。

（一）客房的种类和面积标准

1. 客房的种类

　　通常，客房一般分为以下几类。

　　（1）标准客房。放两张单人床的客房。

　　（2）单人客房。放一张单人床的客房。

　　（3）双人客房。放一张双人大床的客房。

　　（4）套间客房。按不同等级和规划，有相连通的二套间、三套间、四套间不等，其中除卧室外一般考虑餐室、酒吧、客厅、办公或娱乐等房间，也有带厨房的公寓式套间。

　　（5）总统套房：包括放置大床的卧室、客厅、写字间、餐室或酒吧、会议室等。

2. 客房的面积标准

　　通常，客房面积的具体标准如下。

　　（1）三星级客房一般为 18 m²，卫生间一般为 4.5 m²。

　　（2）四星级客房一般为 20 m²，卫生间一般为 6 m²。

　　（3）五星级客房一般为 26 m²，卫生间一般为 10 m²，并考虑浴厕分设。

（二）客房的家具设备

　　客房的家具设备主要包括以下内容。

　　（1）床。分双人床、单人床。床的尺寸，按国外标准分为：单人床 100 cm×200 cm；特大型单人床 115 cm×200 cm；双人床 135 cm×200 cm；王后床 150 cm×200 cm，180 cm×200 cm；国王床 200 cm×200 cm。

　　（2）床头柜。安装有电视、音响和照明等设备开关。

　　（3）安装有大玻璃镜的写字台、化妆台和椅凳。

（4）行李架。

（5）冰柜或电冰箱。

（6）电视。

（7）衣柜。

（8）照明。有床头灯、落地灯、台灯、夜灯，以及在门外显示"请勿打扰"的照明等。

（9）休息座椅一对或一套沙发和咖啡桌。

（10）电话、插座。

此外，还包括卫生间的设备，具体如下。

（1）浴缸一个，有冷热水龙头、淋浴喷头。

（2）装有洗脸盆的梳妆台，台上装大镜面。

（3）便器和卫生纸卷筒盒。

（4）要求较高的卫生间，有时将盥洗、淋浴、马桶分隔设置，包括四件卫浴设备的豪华设施。

（三）客房的设计和装饰

客房按不同使用功能，可划分为若干区域，如睡眠区、休息区、工作区、盥洗区；客房能容纳1～4人，有时几种功能发生在同一时间，如更衣和沐浴，睡眠和观看电视。因此，在客房的家具设备布置时，在各区域之间，应既有分隔又有联系，以便针对不同使用者，有相应的灵活性和适应性。

店中一般以布置两个单人床的标准客房居多，客房标准层平面也常以此为标准，确定开间和进深，开间的最小净宽应以床长加居室门宽为标准。混合结构一般不小于 3 300 mm，套间也常以二或三标准间联通，或在尽端、转角处可划分出不同于标准间大小的房间作为套间之用。套间可分为左右套或前后套。前后套的设计为：前为起居室，后为卧室，卫生间布置在中间，通过中间走道联系。因此，一般说来，客房标准层在结构布置上是同一的。客房约占酒店面积的 60%，这样比较经济合理。

客房的室内装饰应以淡雅宁静而不失华丽的装饰为原则，给予旅客一个温馨、安静又比家庭更为华丽的舒适环境。装饰不宜繁琐，陈设也不宜过多，主要应着力于家具款式和织物的选择，因为这是客房中不可缺少的主要设备。

家具款式包括床、组合柜、桌椅，应采用一种款式，形成统一风格，并与织物协调。

织物在客房中运用很广，除地毯外，窗帘、床罩、沙发面料、椅套、台布，甚至可包括以织物装饰的墙面。一般说来，在同一房间内织物的品种、花色不宜过多，但由于用途不同，选质也异，如沙发面料应较粗、耐磨，而窗帘宜较柔软，或有多层布置，因此可以选择在视觉上、对色彩花纹图案较为统一协调的材料。此外，对不同客房可采取色彩互换的办法，达到客房在统一中有变化的丰富效果。

客房的地面一般用地毯或木地板。墙面、顶棚应选耐火、耐洗的墙纸或涂料。客房卫生间的地面、墙面常用大理石或塑贴面，地面应采取防滑措施。顶棚常用防潮的防火板吊顶。带洗脸盆的梳妆台，一般用大理石台面，并在墙上嵌有一片玻璃镜面。五金零件应以塑料、不锈钢材料为宜。

第六节　娱乐性建筑室内装饰设计

娱乐是人们生活的重要组成部分,可以给人们带来欢乐和喜悦,消除身心的疲劳与烦恼。娱乐性建筑就是要为此目的创造一个积极的活动空间,让人们在其中通过活动得到休息和放松,并获得精神上的享受。

娱乐性建筑主要包括舞厅、卡拉 OK 厅、KTV 包房、台球厅、棋牌室、游戏室等。现代娱乐设施的发展趋势是向综合方向发展。

一、舞厅设计

舞厅常以举行交谊舞、迪斯科舞等群众性娱乐活动为主。国际标准舞有一套完整的步法和动作，具有表演性质，需要有较宽的活动场地。舞厅内有时也举行一些歌唱、乐器演奏和舞蹈等表演，因此也称歌舞厅，其舞台应略大些。

（一）舞厅设计的基本要求

较大的舞厅以能容纳 100～150 对，一般舞厅以能容纳 50～80 对舞者为宜。如按活动面积 2 m^2/人计算，舞厅使用面积包括舞池、坐席占用面积，一般不宜小于 200 m^2。通常舞厅平均每个占用面积（含坐席）不低于 1.5 m^2，对于其他的基本要求，还应考虑以下内容。

（1）设有吸烟室、存衣室、冷饮部等其他服务设施，并符合公共场所卫生标准和防火疏散等安全标准。

（2）良好的音响播放设备和平均每平方米不低于 5 W 的照明设备，并备应急照明。

（3）舞厅的装饰设计要摆脱呆板单调的空间处理手法，运用材料、质感、色彩的不同艺术加工，适当选择灯具造型、合理布置家居陈设，使其融合成各具特色的室内空间。

（4）室内装饰材料的选用宜朴素淡雅，细部处理要生动富于变化，但切记繁缛装饰、过犹不及。

（二）舞厅的房间组成及平面布置

舞厅主要由门厅、售票处、存衣处、管理间、乐队休息室、声光控制室、吸烟室、冷饮部、卫生间等组成。

（1）门厅。舞厅的主出入口以面向街道明显的位置为宜。为防止人们将泥土带入门厅，出入口处应设净鞋、擦鞋板和用具架。

（2）售票处。其位置宜设在门厅靠近存衣处。通常将售票处与存衣处连通、统一管理。

（3）存衣处。一般存衣处不设成单独的房间，只在适当的位置以岛式或半岛式柜台围成一处空间作为存衣处即可。

（4）管理间。管理间的位置宜在舞厅门厅附近，以便管理营业上事务和杂务，并兼作保安人员工作间。定员少的舞厅可不设管理间，仅在入口处设管理台。

（5）乐队休息室。每场舞会开始前或中间休息时，供乐队休息和更衣。

（6）声光控制室。面积要求不大，只要能布置好所需的调音台、灯光控制台、录放机、话筒等设备用具，并容纳1～2人操作即可。

（7）吸烟室、冷饮部。吸烟室内可放置立式报刊架、洗手盆、废弃物箱等。有条件宜设机械排烟装置，以维护室内清洁。冷饮部是舞厅需设置的服务设施之一，布置少量桌椅，同时也是参加舞会者的休息场所。

（8）卫生间。卫生间应设前室，前室设洗手盆、搁板、镜子等设施。前室外门不宜直接开向舞厅，即可防止或减少卫生间气味逸入舞厅，又可隔绝舞厅与卫生间前室的视线。

（三）舞厅的照明设计

舞厅的灯光照明是渲染室内环境氛围、塑造形象、展示意境的重要手段。灯光照明设计不仅在功能上要满足照明、光质、视觉上的要求，还应重视艺术效果，给人以生理和心理上的舒适感。

标准的舞厅灯具布置有蜂窝转灯、束光灯、流星灯、彩光灯、频闪灯等。灯具的悬挂高度为2.8～3.6 m，灯具的数量与布点，根据舞池面积来确定。

一般舞厅灯光照明往往采用直接照明与间接照明相结合的方式。舞厅内舞池照明属于重点照明。因为舞池是娱乐的中心，也是人们的视觉中心，同时也是音响效果最佳的位置。通常是在舞池的顶棚上装饰各种灯具，发出色彩各异、变化莫测的灯光，既突出了舞池的中心位置，丰富了空间层次，又增强了舞池氛围。舞厅内坐席要求光照度较低，通常在顶棚布置少量投射灯，或采取间接照明的方式。吧台的照明有划分空间的作用，为了便于操作应保证一定的照度。

二、卡拉OK厅和KTV包房设计

卡拉OK厅以视听为主，一般设有舞池、视听设备和沙发、桌台等。规模较大的卡拉OK厅常与餐饮大厅相结合。KTV包房专为家庭或少数亲朋好友自唱自娱之用。设有视听设备、电脑点歌名和沙发、茶几、衣架等。卡拉OK厅、KTV包房的墙面装饰，一般多采用以织物为主的"软包装"；灯光照明与舞厅类似。

三、台球厅设计

台球厅室内主要布置台球桌。人的注意力也都在桌上，所以整体空间的处理应简洁，环境要宁静。

功能空间有台球桌、接待台、饮料柜台、休息区、球杆架等。休息区可以单独划出一个区域，附设饮料柜台。中间区域一般为台球区，附设饮料柜台兼收款台，周围是休息区。

在台球区，要避免交通路线的干扰，合理安排球桌与休息座。台球厅室内照明分区性强。台球桌属重点照明区，顶棚上多布置聚光灯、直射筒灯或台球桌专用灯具；饮料柜台处照度要求也高，常用荧光灯或装饰性灯具照明；休息区光照可低些，也可不设置灯具。

【本章小结】

本章主要介绍了居住建筑室内装饰设计、办公建筑室内装饰设、商业建筑室内外装饰设计、餐饮类建筑室内外装饰设计、旅游建筑室内装饰设计和娱乐性建筑室内装饰设计计六部分内容。通过本章学习，读者可以了解居住建筑的组成及其装饰设计要点；掌握起居室、卧室、餐厅、厨房、卫生间的装饰设计；掌握办公建筑室内装饰设计方法；掌握商业建筑营业厅和商业店面的装饰设计方法；掌握餐饮类建筑室内装饰设计方法；掌握旅游建筑室内装饰设计方法；掌握娱乐性建筑室内装饰设计方法。

【思考题】

1. 居住建筑装饰设计的要点有哪些？
2. 起居室的装饰设计要注意哪些问题？
3. 厨房的平面布局形式有哪几种？
4. 简述商业建筑的装饰设计要点。
5. 商业营业厅照明的种类有哪几种？
6. 店面造型处理要从哪几个方面考虑？
7. 如何对中餐厅进行装饰设计？
8. 酒店室内装饰设计有哪些基本特点？
9. 办公建筑装饰设计的总体设计要求是什么？
10. 如何对办公室进行装饰设计？

参考文献

[1] 陆玮. 室内展示空间设计[M]. 北京：化学工业出版社，2021.

[2] 筑美设计. 室内装饰设计制图手册[M]. 北京：中国电力出版社，2020.

[3] 黎连业，李聪莉. 家庭住宅装修施工检验验收技术[M]. 北京：中国城市出版社，2021.

[4] 刘小锋，李露. 建筑装饰设计基础[M]. 北京：中国轻工业出版社，2020.

[5] 罗平. 建筑装饰设计基础[M]. 2版 北京：机械工业出版社，2018.

[6] 张能，王凌绪. 室内设计基础[M]. 3版 北京：北京理工大学出版社，2020.

[7] 林兴家，金雅庆. 装饰造型基础[M]. 2版 北京：北京理工大学出版社，2018.

[8] 姜铁山. 建筑造型基础[M]. 北京：中国建筑工业出版社，2018.

[9] 李继业，周翠玲. 建筑装饰装修工程施工技术手册[M]. 北京：化学工业出版社，2017.

[10] 魏爱敏. 建筑装饰工程计量与计价[M]. 北京：北京理工大学出版社，2020.

[11] 李继业，胡琳琳. 绿色建筑室内绿化设计[M]. 北京：化学工业出版社，2016.